Sehen · Staunen · Wissen

GESCHICHTE DES LEBENS

Versteinerte
Seelilie
Leddesdalenais
Karbon
Schottland

Versteinerter Trilobit
Phacops
Devon
USA

Versteinertes Skelett
von *Deltavjatia*
Perm
Russland

Versteinerter
Schwamm
Raphidonema
Mittlere Kreide
England

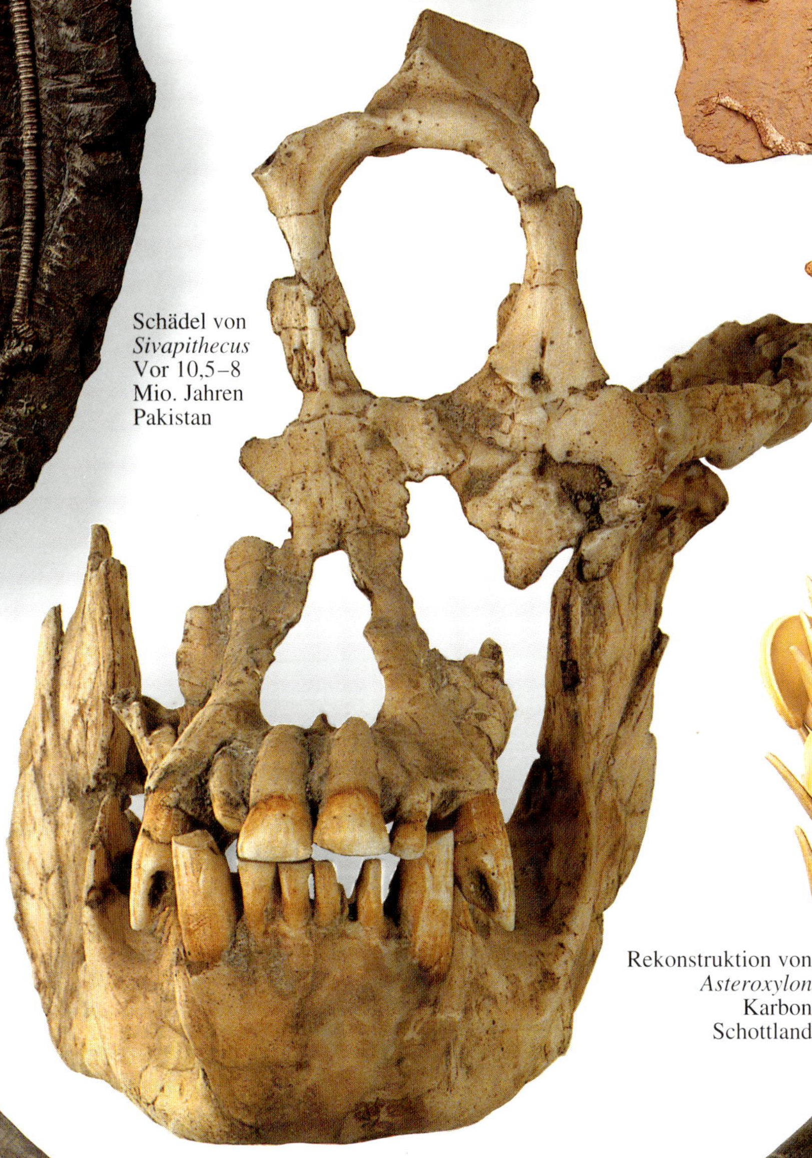

Schädel von
Sivapithecus
Vor 10,5–8
Mio. Jahren
Pakistan

Rekonstruktion von
Asteroxylon
Karbon
Schottland

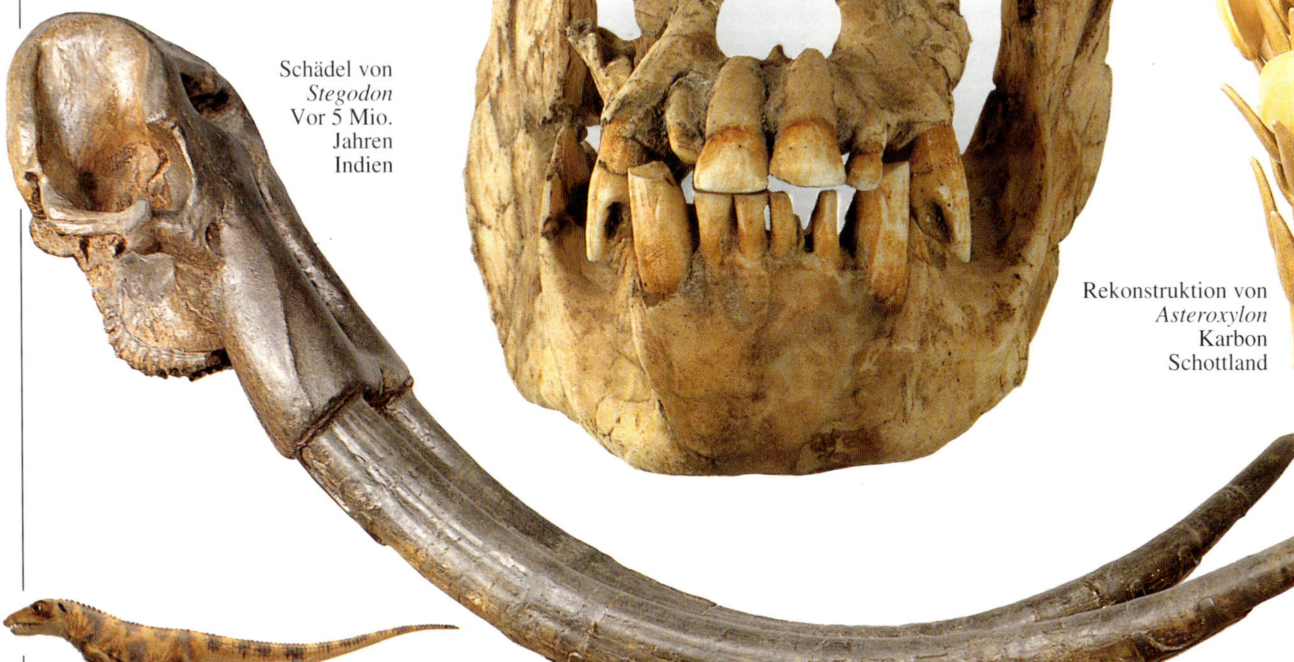

Schädel von
Stegodon
Vor 5 Mio.
Jahren
Indien

Rekonstruktion von
Ornithosuchus
Obere Trias, Schottland

Araukarienzapfen
Jura
Argentinien

Sehen · Staunen · Wissen

Rekonstruktion von
Homo habilis

GESCHICHTE DES LEBENS

Was Fossilien über die Entwicklung des Lebens auf der Erde verraten

Text von William Lindsay
Fotos von Harry Taylor

Fossiles Skelett von
Cryptocleidus eurymerus
Mittlerer Jura
England

Rekonstruktion von
Megatherium
Eiszeit
Patagonien

Rekonstruktion von
Ichthyostega
Oberdevon
Grönland

Gerstenberg Verlag

Rekonstruktion von
Arthropleura
Karbon
Schottland

Versteinerung von
Archaeopteris
Oberdevon, Irland

Aufsicht auf
den Schädel
von *Simolestes*
Mittlerer Jura
England

Die Deutsche Bibliothek – CIP-Einheitsaufnahme

Ein Titeldatensatz für diese Publikation ist bei
Der Deutschen Bibliothek erhältlich.

DK

Ein Dorling-Kindersley-Buch
Originaltitel: Eyewitness Guides: Prehistoric Life
Copyright © 1994 Dorling Kindersley Ltd., London
Fachliche Beratung: Dr. Robin Cocks, Leiter der Paläontologischen Abteilung des Natural History Museum, London
Lektorat: Marion Dent, Simon Adams
Recherche: Céline Carez
Layout und Gestaltung: Vicky Wharton, Julia Harris
Herstellung: Catherine Semark
Bildredaktion: Deborah Pownall

Gesetzt nach neuer Rechtschreibung
Aus dem Englischen
von Margot Wilhelmi, Sulingen
Deutsche Ausgabe Copyright © 1994
Gerstenberg Verlag, Hildesheim

Satz: Gerstenberg Druck GmbH, Hildesheim
Printed in China
ISBN 3-8067-4456-4

00 01 02 03 04 6 5 4 3 2

Versteinertes Skelett von
Naso rectifrons
Oberes Eozän, Italien

Rekonstruktion von
Cothurnocystis
Oberes Ordovizium
Schottland

Versteinertes
Skelett von
Procolophon
Untere Trias
Südafrika

Ediacara-Fossil
Präkambrium
Australien

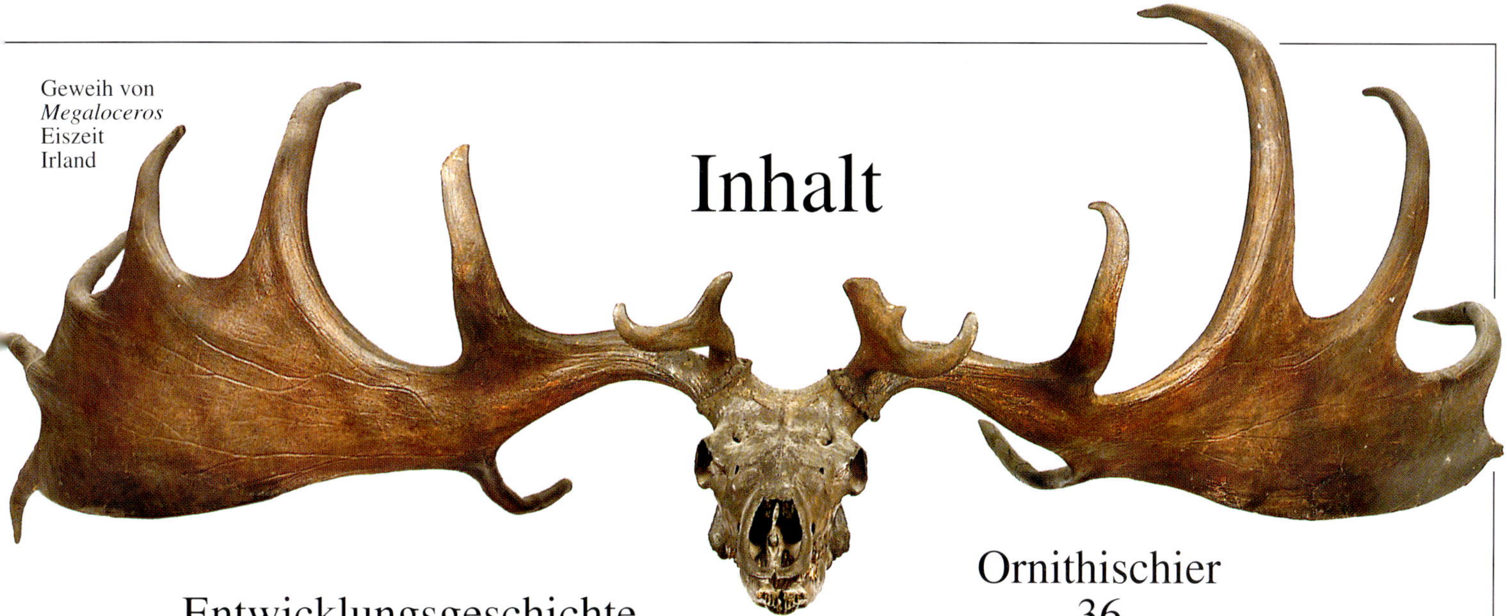

Geweih von *Megaloceros* Eiszeit Irland

Inhalt

Entwicklungsgeschichte

Leben ist nur von der Erde bekannt. Paläontologen rekonstruieren anhand von Versteinerungen die Geschichte des Lebens. Sie teilen die Erdgeschichte in Zeitalter, diese in Perioden und diese wiederum in Epochen ein. Die Erde ist 4,5 Mrd. Jahre alt, wie aber ist sie entstanden? Zunächst bestand sie aus einer Urwolke aus Gas und Staub. Anziehungskräfte bewirkten, dass Teile dieser Wolke sich verdichteten. So entstand unser Planetensystem. Die frühe Erdatmosphäre enthielt noch keinen Sauerstoff, aber verschiedene Verbindungen, aus denen organische Moleküle entstanden. Diese bildeten die ersten Lebewesen – die Geschichte des Lebens begann.

Cothurnocystis
Ordovizium

AM MEERESBODEN
Viele Tiere hatten eine Körperstütze oder eine schützende Kalkschale aus Kalzitkristallen. Diese harten Schalen sind oft fossil erhalten. Der Meeresbodenbewohner *Cothurnocystis* (S. 16–17) aus Großbritannien ist mit Seesternen verwandt.

Metaldetes,
Kambrium

WIE EIN ZAPFEN
Metaldetes lebte neben Stromatolithen in Australien und hatte ein doppelwandiges Kalkskelett. Wie die Weichteile des Tiers aussahen, weiß man nicht (S. 16–17).

Mawsonites
Präkambrium, Australien

ALTE MEDUSE
Mawsonites aus der australischen Ediacara-Fauna (S. 12–13) ist 700 Mio. Jahre alt und ähnelt einer Qualle. Einer der ersten Vielzeller?

Collenia
(Stromatolith)
Präkambrium, USA

SPUREN IM STEIN
3,4 Mrd. Jahre alte Stromatolithen (S. 12–13) sind die ältesten Fossilien und die ersten Spuren des Lebens. Es handelt sich um Kalkabscheidungen von Blaualgen, wie sie auch heute noch entstehen.

Estonioceras
Unteres Ordovizium
Estland

SPIRALE
Weichtiere (S. 16–17), noch heute verbreitete Meerestiere, entfalteten sich im Kambrium. *Estonioceras* ist ein Nautilus-Verwandter.

SONDERBAR
Die Burgess-Schiefer aus Kanada enthalten die Versteinerungen ganzer Lebensgemeinschaften (S. 14–15). *Thaumaptilon* ist ein Tier aus dem Kambrium.

FEUERBALL
Die junge Erde war glühend heiß und übersät mit Vulkanen (S. 10–11). Allmählich erkaltete das flüssige Gestein zu Fels.

PRÄKAMBRIUM
Vor 4,5 Mrd.–570 Mio. Jahren

KAMBRIUM
Vor 570–510 Mio. Jahren

ORDOVIZIUM
Vor 510–439 Mio. Jahren

AUS DER TIEFE DER ZEIT
Das Präkambrium wird in das Archaikum und das Proterozoikum unterteilt. Gesteine aus dem Archaikum findet man heute nur noch in wenigen Teilen der Erde, die ältesten sind etwa 3,75 Mrd. Jahre alt. Die ersten fossilen Lebensspuren sind 1 Mrd. Jahre jünger als der Planet selbst: einzellige, bakterienähnliche Fossilien und Stromatolithen. 1 Mrd. Jahre später bildete sich allmählich die sauerstoffhaltige Atmosphäre der Erde und mit ihr entstanden die Urformen der heutigen Lebewesen. Als die ersten vielzelligen Lebewesen in den präkambrischen Flachmeeren lebten, bildeten alle Kontinente eine einzige große Landmasse.

HARTE SCHALE
Die Körper vieler kambrischer Tiere wurden von einer harten Schale geschützt. Trilobiten und Armfüßer waren häufig. Die Antarktis, Afrika, Indien, Teile Asiens, Australien und Südamerika bildeten einen Kontinent: Gondwana. Europa, Nordamerika und Grönland waren getrennte, kleinere Landmassen.

ERSTE FISCHE
Kieferlose Fische, hartschalige Wirbellose, sinkende Meeresspiegel und Eiszeiten kennzeichnen das Ordovizium. Gondwana und die anderen Kontinente vereinigten sich zu einer Landmasse. Eis bedeckte Teile Afrikas und Südamerikas. Korallen und Algen bildeten Riffe, in denen Trilobiten und Armfüßer lebten.

PRÄKAMBRIUM | **PALÄOZOIKUM** (Erdaltertum)

Der Trilobit *Calymene blumenbachii* (Silur, Großbritannien) hat sich zum Schutz vor Feinden zusammengerollt.

Cyathocrinites
Silur
Großbritannien

SEELILIEN
Die pflanzenähnlichen Seelilien (S. 16–17) waren stellenweise so häufig, dass mancherorts ganze Kalksteinschichten nur aus ihren fossilen Überresten bestehen.

EINGEROLLT
Trilobiten (S. 16–17) besiedelten den Meeresboden, einige wühlten im Untergrund, manche konnten schwimmen. Sie hatten eine harte Schale aus beweglichen Einzelteilen, sodass sie sich zusammenrollen konnten.

Zeichnung von *Cephalaspis*
Silur

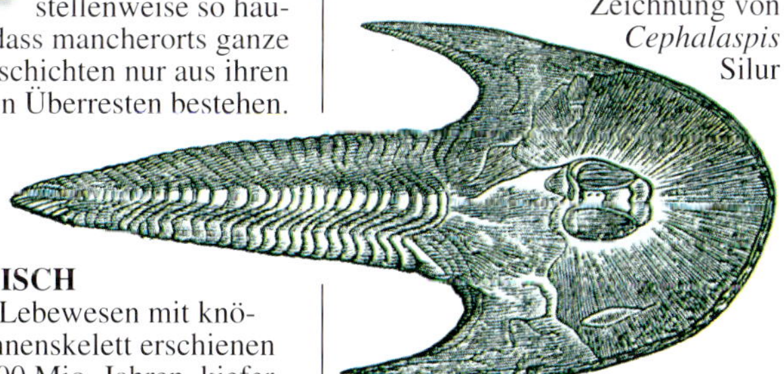

FRISCHFISCH
Die ersten Lebewesen mit knöchernem Innenskelett erschienen vor etwa 500 Mio. Jahren, kieferlose Fische wie *Cephalaspis* gegen Ende des Silurs.

SCHUPPENBAUM
Seit dem Oberdevon beherrschen Pflanzen das Festland. Im Karbon bildeten Schuppenbäume (*Lepidodendron*, S. 24–25) riesige Sumpfwälder.

Nachbildung von *Westlothiana*
Karbon
Schottland

ANFÄNGE
Westlothiana war eines der ersten Reptilien. Anders als Amphibien sind Reptilien mit ihrer vor Austrocknung schützenden Haut nicht auf feuchte Lebensräume und für die Entwicklung ihrer Eier nicht auf Gewässer angewiesen. Die von Pflanzen und Amphibien eingeleitete Eroberung des Festlands war vollendet.

Derbyia
Perm
Indien

ARMFÜSSER
Armfußer (S. 18–19) waren weit verbreitet; heute haben Muscheln ihre Stelle eingenommen. *Derbyia* war nicht mit einem Stiel am Boden festgewachsen.

SILUR
Vor 439–409 Mio. Jahren

DEVON
Vor 409–363 Mio. Jahren

KARBON
Vor 363–290 Mio. Jahren

PERM
Vor 290–245 Mio. Jahren

AN LAND
Bis zum Silur fand das Leben nur in den Ozeanen statt. Kein Lebewesen konnte außerhalb des Wassers überleben. Im Silur erschienen die ersten Landpflanzen. In den Meeren jagten bis zu 3 m lange Seeskorpione. In Schottland, Skandinavien und an den nordamerikanischen Küsten entstanden hohe Gebirge.

AUF DEM TROCKENEN
Die Eroberung des Festlands setzte sich im Devon fort, die ersten Amphibien krochen an Land. In den Meeren jagten Haie und Knochenfische. Der Riesenkontinent Gondwana, Europa, Nordamerika und Grönland bewegten sich aufeinander zu.

ERSTE ECHSEN
Im Karbon bildeten alle Kontinente eine einzige Landmasse. Dadurch änderten sich die Lebensbedingungen. Auf der Nordhalbkugel wuchsen in tropischem Klima riesige Sumpfwälder, die bis heute als Kohle erhalten sind. Reptilien konnten sich als erste Wirbeltiere an Land entwickeln.

MASSENAUSSTERBEN
Alle Kontinente bildeten eine einzige Landmasse: Pangaea. Südamerika, die Antarktis, Australien und Afrika waren von Eismassen bedeckt, die Wasser banden und den Meeresspiegel sinken ließen. Im Norden breiteten sich Wüsten aus. Das Perm endete mit dem größten Massenaussterben aller Zeiten.

Fortsetzung auf der nächsten Seite

Fortsetzung von Seite 7

Das Leben geht weiter

Nach dem Massenaussterben am Ende des Perm eröffnete das Mesozoikum vor 245 Mio. Jahren dem Leben neue Chancen. Die meisten Familien großer vierbeiniger Landtiere waren verschwunden. In den Meeren waren die Trilobiten ausgestorben und die Armfüßer erreichten nie wieder ihre einstige Formenfülle. In weniger als 40 Mio. Jahren entstanden zwei neue Tierklassen: Die Säugetiere leben noch heute, die Dinosaurier starben nach 160 Mio. Jahren am Ende der Kreidezeit wieder aus. Sackgassen und Verzweigungen kennzeichnen den Stammbaum der Lebewesen auf der Erde.

Rekonstruktion von *Megazostrodon* Obere Trias Südafrika

KLEINER SÄUGER
Megazostrodon entwickelte sich gegen Ende der Trias aus säugerähnlichen Reptilien. Im Gegensatz zu den wechselwarmen Kriechtieren können Säuger (S. 44–51) ihre Körpertemperatur aktiv regulieren. Sie haben ein isolierendes Fell, gebären lebende Junge und ernähren sie mit Muttermilch.

Rekonstruktionszeichnung von *Archaeopteryx* Jura Deutschland

URVOGEL
Aus einer Gruppe kleiner, räuberischer Saurier entstanden die Vögel. Vor 150 Mio. Jahren jagte der Urvogel *Archaeopteryx* (S. 42–43) nach Insekten.

FLUGSÄUGER
Palaeochiropteryx ist eine Fledermaus aus der Grube Messel bei Darmstadt.

Rekonstruktion von *Tyrannosaurus rex* Oberkreide Nordamerika und China

RIESEN
Dinosaurier (S. 32–37) ließen für lange Zeit die Erde erbeben: von der Trias bis zum Ende der Kreidezeit, als sie ausstarben (S. 60–61).

ALLESFRESSER
Leptictidium ist ein 20 cm langer Allesfresser aus dem Eozän. Im Magenbereich wurden fossile Pflanzenreste, Insekten und Eidechsen gefunden. Der lange Schwanz balancierte bei der Jagd das Körpergewicht aus.

Rekonstruktion von *Leptictidium* Eozän Deutschland

Stenopterygius Jura Deutschland

MEERESECHSEN
Einige Reptilien lebten im Meer (S. 38–39). Fischsaurier legten keine Eier, sie „brüteten“ sie im Körper aus und gebaren lebende Junge.

HUFTIERE
Ein Großteil der Säugerarten waren Pflanzen fressende Huftiere. *Hyracotherium*, das Urpferd, war so groß wie ein Hund und lief auf vier Zehen (S. 48–49).

Hyracotherium, das älteste Urpferdchen Oberes Paleozän bis unteres Eozän Nordamerika und Europa

TRIAS
Vor 245–208 Mio. Jahren

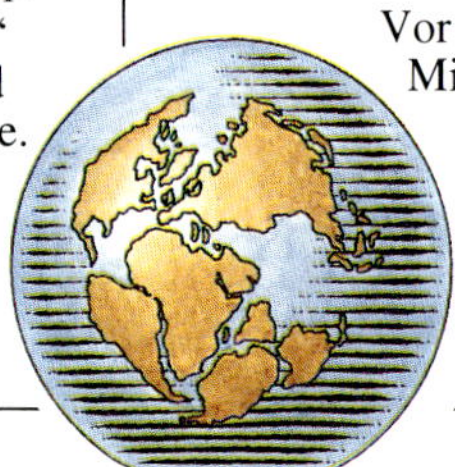

JURA
Vor 208–146 Mio. Jahren

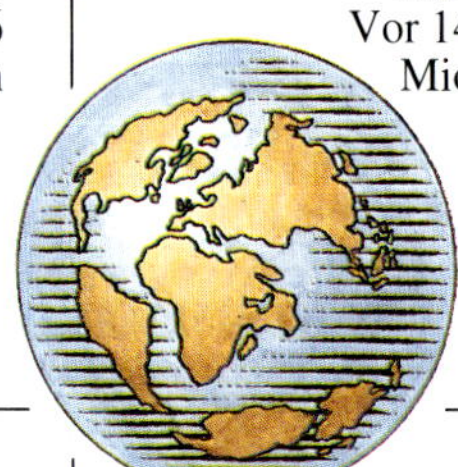

KREIDE
Vor 146–65 Mio. Jahren

TERTIÄR
Vor 65–1,64 Mio. Jahren

ECHSENZEIT
Pangaea driftete nach Norden. Wüsten entstanden, die Eismassen schmolzen. Der Riesenkontinent bekam die ersten Risse. Viele Reptilienarten entstanden, darunter Dinosaurier, Flugsaurier und Meeresechsen.

DINO-WELT
Dinosaurier beherrschten das Festland, Fischsaurier das Meer und Flugsaurier die Luft. Pangaea brach auseinander: Nordamerika trennte sich von Afrika ab, Südamerika von der Antarktis und Australien.

ENDE DER DINOSAURIER
Gemäßigte Klimazonen entstanden. Indien driftete von Afrika nach Asien. Die Dinosaurier und viele andere Tiere starben am Ende der Kreidezeit aus – vielleicht aufgrund eines Meteoriteneinschlags.

PALEOZÄN
Vor 65–56,5 Mio. Jahren
Die Säugetiere übernahmen die Herrschaft. Die Kontinente hatten sich getrennt. Afrika trieb nach Norden, auf Kollisionskurs mit Europa, während Nordamerika westwärts driftete.

EOZÄN
Vor 56,5–35,5 Mio. Jahren
Schwimmende und fliegende Tiere erhöhten die Artenvielfalt der Säuger. Indien berührte Asien. Der Atlantik trennte Europa und Nordamerika. Südamerika war isoliert.

MESOZOIKUM (Erdmittelalter) | **KÄNOZOIKUM (ERDNEUZEIT)**

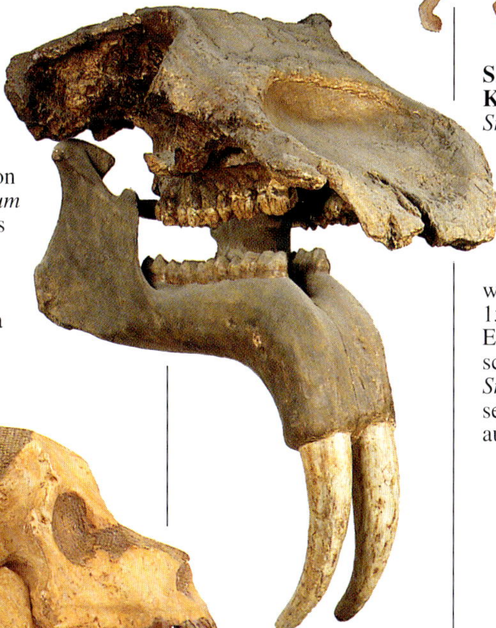

Schädel von *Dinotherium*
Miozän bis Pleistozän (Eiszeit)
Eurasien und Afrika

Rekonstruktion von *Smilodon*
Eiszeit
Nordamerika

SÄBELZAHN-KATZEN
Smilodon (S. 50–51), einer der fürchterlichsten Räuber unter den Säugern, trat zuerst im Oligozän auf und starb in der Eiszeit wieder aus. Mit 15 cm langen Eckzähnen schlitzte *Smilodon* seine Beute auf.

Rekonstruktion des *Homo habilis*
Pliozän
Afrika

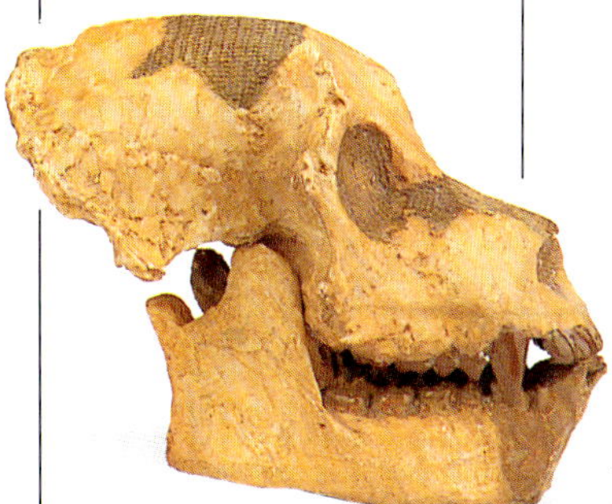

ALTER AFFE
Der 32 Mio. Jahre alte *Aegyptopithecus* aus dem Oligozän Ägyptens könnte der Vorfahr der Altwelt- und der Menschenaffen sein (S. 54–55).

RÜSSELTIERE
Die ersten Rüsseltiere lebten im Eozän und waren schweineartige Geschöpfe. Die Mammute (S. 58–59), Mastodonten und Elefanten (S. 48–49) waren viel größer. *Dinotherium* hatte nach unten gebogene Stoßzähne im Unterkiefer und große Mahlzähne.

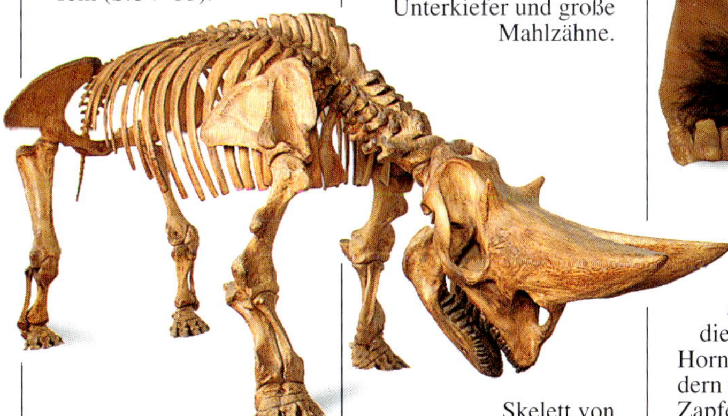

Skelett von *Arsinoitherium*
Oligozän
Ägypten

NASENHORN
Das 35 Mio. Jahre alte *Arsinoitherium* hatte anders als die Nashörner kein Horn aus Keratin, sondern zwei knöcherne Zapfen auf der Nase (S. 46–47). Ein untersetzter Körper trug den großen Kopf.

DIE ERSTEN MENSCHEN
Mit *Homo habilis* begann die Geschichte der Gattung Mensch (*Homo*). Verglichen mit den ältesten Fossilien ist der Mensch eine der jüngsten „Erfindungen" der Evolution.

TERTIÄR

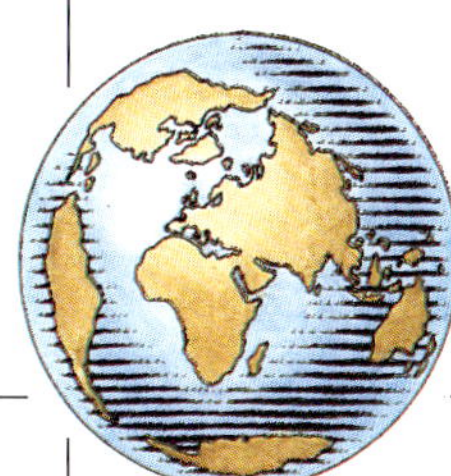

QUARTÄR
Vor 1,64 Mio. Jahren bis heute

OLIGOZÄN
Vor 35,5–23,5 Mio. Jahren
Der Himalaja faltete sich auf. Die gletscherbedeckte Antarktis beeinflusste das Weltklima. Australien driftete mit einer eigenen Tierwelt nach Osten. Die ersten Primaten entstanden.

MIOZÄN
Vor 23,5–5,2 Mio. Jahren. Die Pferde entwickelten sich zu Steppenbewohnern. Beuteltiere beherrschten Südamerika und Australien. Arktis und Antarktis waren von Gletschern bedeckt. In Nordamerika erhoben sich Gebirge.

PLIOZÄN
Vor 5,2–1,64 Mio. Jahren
Eine schmale Landbrücke verband Nord- und Südamerika. In Afrika erschienen die ersten Menschen. Die Temperaturen fielen, die bedeutendste Eiszeit der Erde setzte ein.

PLEISTOZÄN
Vor 1,64 Mio.–10.000 Jahren. Die Kontinente hatten ihre heutige Lage fast erreicht. Große Wassermassen waren im Eis gebunden. Niedrige Meeresspiegel ermöglichten Wanderungen zwischen den Kontinenten.

HOLOZÄN
Vor 10.000 Jahren bis heute
Menschen beherrschen die Erde. Heute versuchen wir anhand von Fossilien und lebenden Organismen die Geschichte des Lebens auf unserer Erde nachzuzeichnen.

Die Erde im Wandel

Fast 1 Milliarden Jahre war die Erde ein toter Planet. Nirgends kroch, rannte, flog oder schwamm ein Tier umher. Die junge, unbelebte Erde unterschied sich deutlich von der heutigen Welt. Ihr Aussehen unterlag einem ständigen Wandel: Gebirge entstanden, Ozeane breiteten sich aus, Erdbeben und Vulkane erschütterten die Erdoberfläche, die Kontinente veränderten ihre Lage – bis schließlich die Bedingungen für die Entstehung des Lebens gegeben waren. Spuren dieses frühen Lebens sind bis heute als Fossilien im Gestein erhalten.

FLÜSSIGES GESTEIN
Vulkane treten an dünnen Stellen der Erdkruste auf. Flüssige Lava tritt aus Spalten aus, kühlt ab und erstarrt. Gase und Asche werden in die Atmosphäre geschleudert. Die junge Erde war ein heißer Planet, ganz aus flüssigem Gestein.

Sandstein besteht aus kleinen Quarzkristallen.

Metamorpher Marmor war einst abgelagertes Kalkgestein.

Granit erstarrte tief in der Erde.

Basalt ist ein Erstarrungsgestein.

GESTEINE
Erstarrungsgesteine entstehen aus Lava oder Magma. Wind und Wasser mahlen Felsen zu Körnchen, die sich in Flüssen, Seen und Meeren ablagern und zu Sedimentgestein werden. Hohe Temperaturen und Drücke wandeln Erstarrungs- und Sedimentgesteine in metamorphe Gesteine um.

FEUCHTES GRAB
Flüsse lagern Sand und Schlamm in Überschwemmungsgebieten und vor den Mündungen ab. Im Meer sinken die Sedimente zu Boden. Tiere und Pflanzen, die schnell bedeckt werden, können erhalten bleiben und versteinern.

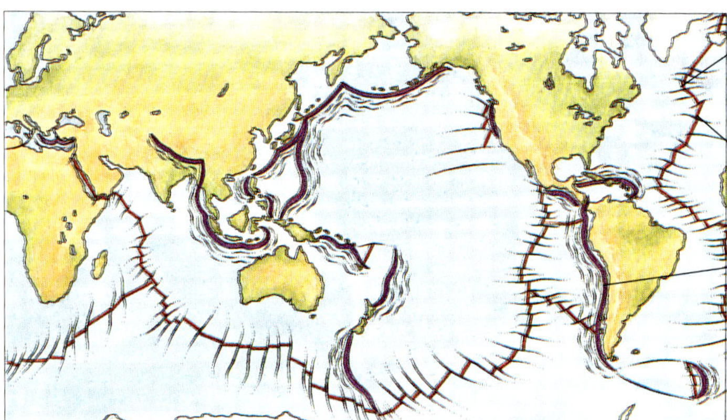

SCHWIMMENDE SCHOLLEN
Die Erdkruste besteht aus einzelnen Platten. Wenn sie sich verschieben, entstehen Gebirge und Vulkane und Erdbeben treten auf. Eine Ursache der Plattenverschiebung ist die ständige Neubildung von Meeresboden an den ozeanischen Rücken. Gebirge entstehen, wenn eine ozeanische Platte unter eine Kontinentalplatte abtaucht oder wenn zwei Kontinentalplatten zusammenstoßen.

Steinkern eines Trilobiten

STEINERNE ZEUGEN
Fossilien bezeugen die Existenz ausgestorbener Pflanzen und Tiere. Innere Struktur und äußere Gestalt eines Lebewesens sind oft erstaunlich genau zu erkennen. Blüten, Federn und sogar Fußabdrücke sind erhalten. Es dauert Jahrmillionen, bis aus einem Lebewesen ein Fossil entsteht. In dieser Zeit werden die organischen Stoffe durch Mineralien ersetzt, das Tier „versteinert“. Wird der vom Tier hinterlassene Hohlraum erst später von Gestein (meist von Sedimenten) ausgefüllt, entsteht ein Steinkern mit einem Abdruck.

Wie Fossilien entstehen

Der Kadaver (1) von *Procolophon* wurde im Flachwasser mit Schlamm bedeckt (2). Das geschah so schnell, dass das Skelett nicht zerstört wurde. Über Jahrmillionen blieb das Skelett in der Tiefe verborgen (3). Unter Druck wurde der Sand zu Stein, in dem chemische Prozesse aus den Knochen von *Procolophon* ein Fossil entstehen ließen. Erosion brachte das Fossil schließlich wieder ans Tageslicht (4).

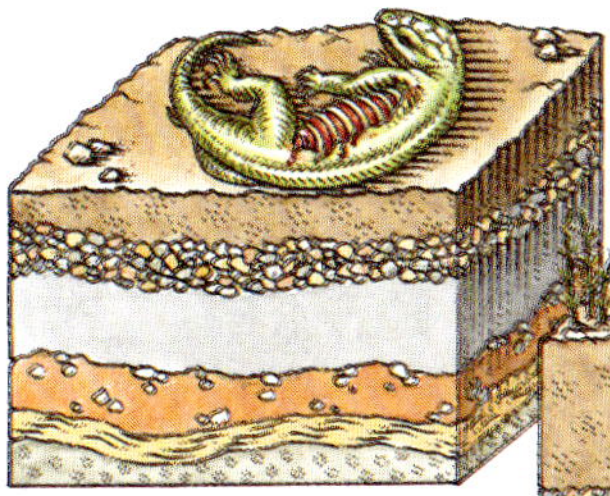

(1) Der verwesende Kadaver liegt an der Erdoberfläche.

(2) Im Flachwasser wird das Tier schnell mit Schlamm bedeckt.

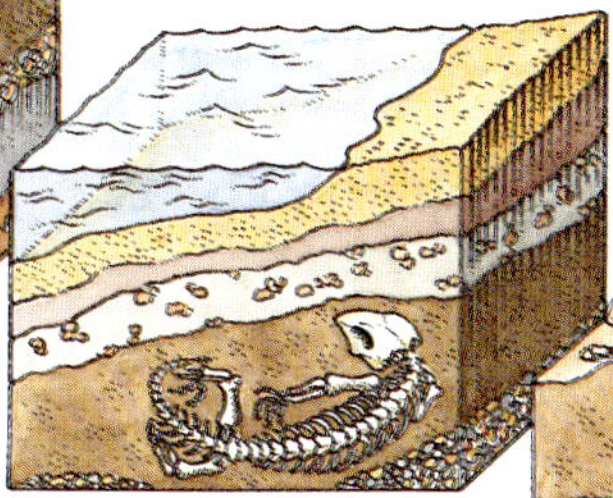

(3) Die Ablagerungen um das Fossil werden zu Stein.

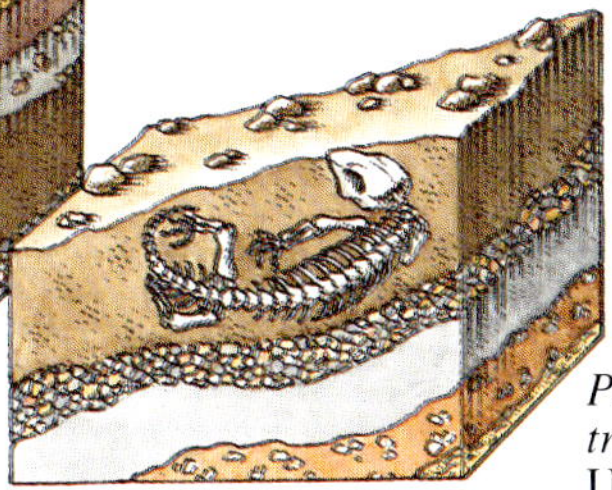

(4) Das fossile Skelett gelangt wieder an die Oberfläche.

Abdruck des Trilobiten *Flexicalymene caractaci* Ordovizium England

Procolophon trigoniceps Untere Trias Südafrika

ROTES REPTIL

Procolophon war ein kleines Reptil der unteren Trias. Seine Fossilien stammen aus dem Karroo-Becken in Südafrika. Vollständige Skelette und Schädel sind als weiße fossile Knochen, eingebettet in rotes Sedimentgestein, hervorragend erhalten. Die Gesteinsfarbe beruht auf Eisenmineralien, die die Quarzkristalle zusammenhalten. Sie zeigt, dass im Sediment kein Sauerstoffmangel herrschte.

MAL KALT, MAL WARM

Felsen geben Hinweise auf frühere Klimas und belegen die Kontinentalverschiebung. Fossilien des Samenfarns *Glossopteris* findet man häufig im Permgestein der Antarktis. In dieser Periode war die Antarktis Teil eines großen Kontinents und befand sich nicht am Südpol. Das Klima war viel wärmer als heute.

Glossopteris, Perm Neusüdwales/Australien

GEGENSTÜCK

Wenn man den Stein aufbricht, kommen Steinkern und Abdruck zum Vorschein. Der Abdruck dieses Trilobiten ist erhalten geblieben, das Tier selbst ist nicht versteinert, der Abdruck wurde später wieder gefüllt. Oft werden Fossilien durch den Druck des aufliegenden Gesteins platt gedrückt oder zerbrechen.

URALT

Meteoriten und Mondgestein bestätigen, dass die Erde 4,55 Mrd. Jahre alt ist. Die ältesten Gesteine der Erde sind die 3,75 Mrd. Jahre alten metamorphen Gesteine von Grönland. Sie bildeten sich aus Sedimentgesteinen, die noch früher abgelagert wurden.

Erste Lebensspuren

Die bisher ältesten fossilen Hinweise auf Leben finden sich in südafrikanischem und australischem Gestein. Es handelt sich dabei um 3,5 bis 3,3 Milliarden Jahre alte, mikroskopisch kleine Cyanobakterien („Blaualgen"). Sie gehören zu den Prokaryonten – einzelligen Lebewesen ohne eigentlichen Zellkern. Viele Prokaryonten können nur in einer sauerstofffreien Umgebung leben. Pflanzen, Tiere und Pilze gehören zu den Eukaryonten. Ihre Zellen haben einen Zellkern sowie Organellen für unterschiedliche Aufgaben. Die ersten Eukaryonten erschienen vor 2 Milliarden Jahren. Sie könnten durch Verschmelzung verschiedenartiger Prokaryonten entstanden sein. Vor dieser Zeit befand sich in der Atmosphäre nur wenig Sauerstoff, den die Eukaryonten zum Leben brauchen, und es gab keine Ozonschicht, die die Erde vor der schädlichen UV-Strahlung schützt.

ALGENHÜGEL
Im seichten, klaren Wasser der westaustralischen Haifisch-Bucht wachsen Hügel von Stromatolithen (Kalkabscheidungen von Cyanobakterien). Die Blaualgen betreiben Photosynthese: Sie nehmen Kohlendioxid auf und geben Sauerstoff ab.

Jede Schicht entspricht einer Wachstumsperiode.

Skakoper cryptozoan
(ein Stromatolith)
Proterozoikum
Minnesota/USA

JAHRESRINGE
In den Blaualgenmatten sammeln sich Sinkstoffe. Sie werden durch Kalkabscheidungen verfestigt. Die Schichten bauen einen harten Hügel auf, der versteinern kann. Stromatolithen (Alter: 3,4 Mrd. Jahre) fand man in südafrikanischem Gestein.

Vielleicht ist der „Kopf" von Spriggina *lediglich die Ansatzstelle eines Tentakelkranzes.*

Körpersegment (-abschnitt) oder Tentakelfieder

Dickinsonia *wuchs durch Anlage neuer Segmente.*

Dieses Ediacara-Fossil wurde in seinem sandigen, präkambrischen Lebensraum in Südaustralien begraben.

Zwei versteinerte Quallen aus Ediacara

ZARTER EINDRUCK
In Südaustralien findet man ein hartes, 700 Mio. Jahre altes violettes Sedimentgestein aus Quarzkörnchen. 1946 entdeckte man in diesem Gestein bei Ediacara Fossilien der ältesten bekannten Vielzeller. Abdrücke zarter Tentakelkränze, geriefte Scheiben und geteilte Kreise sind die Reste einer geheimnisvollen Tiergruppe. *Spriggina* könnte ein Ringelwurm (ein Regenwurmverwandter) oder nur ein Tentakelarm gewesen sein. Andere Fossilien waren vielleicht Quallen oder aber nur ausgefüllte Bodenhöhlen.

DER ANFANG
Über die Entstehung des Lebens geben Fossilien keinen Aufschluss, da die ersten Lebensformen nicht erhalten sind. Diese Frage muss anders untersucht werden. 1953 bewies der amerikanische Chemiker Stanley Miller, dass in der frühen Atmosphäre komplizierte Moleküle entstanden – Voraussetzung für Leben.

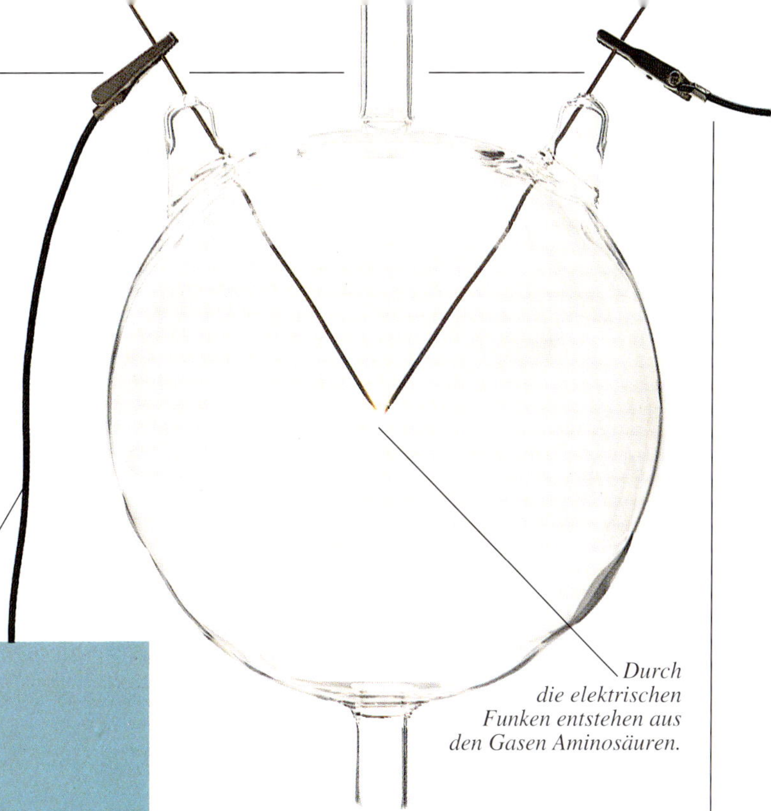

An die Elektroden wird eine sehr hohe Spannung angelegt.

Durch die elektrischen Funken entstehen aus den Gasen Aminosäuren.

HELLER FUNKE
Bevor die Blaualgen durch Photosynthese die Atmosphäre mit Sauerstoff anreicherten, bildete ein Gemisch aus Gasen wie Methan, Ammoniak, Wasserstoff und natürlich Wasserdampf die „Lufthülle" der Erde. Millers Versuch zeigte, dass unter dem Einfluss elektrischer Entladungen aus diesen Gasen Aminosäuren entstehen können. Aminosäuren sind die Bausteine der Eiweißmoleküle, der „Werkzeuge des Lebens".

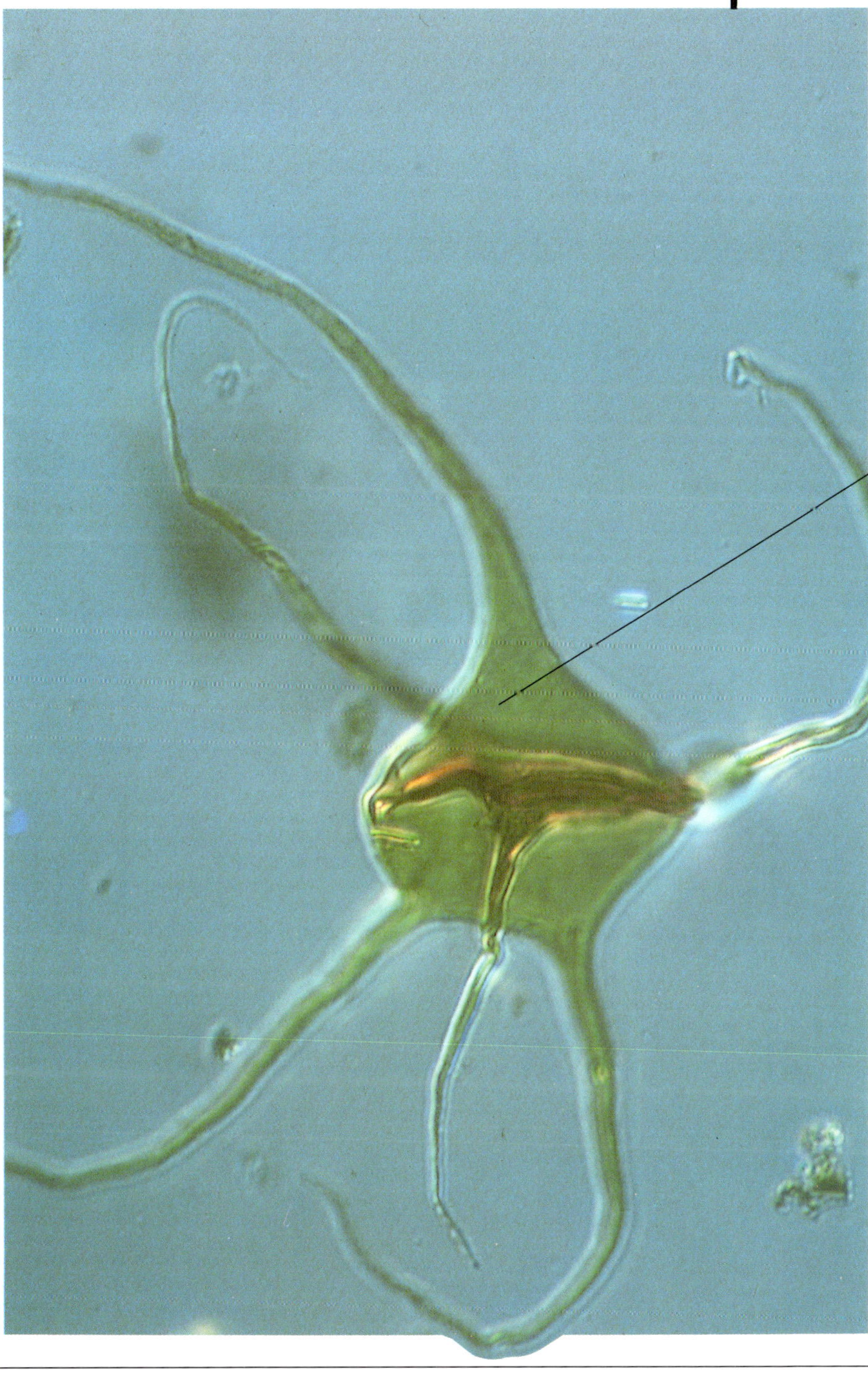

Stacheliger Acritarcha-Vertreter aus Silurgestein

Beispiel für einen Meteoriten mit hohem Kohlenstoffgehalt (Chondrit)

AUSSERIRDISCH
Ein Beweis dafür, dass organische Moleküle von selbst entstehen können, stammt aus dem Weltall. 1969 ging bei der australischen Stadt Murchison ein kohlenstoffhaltiger Meteorit nieder. Eine Untersuchung ergab, dass er ähnliche Aminosäuren enthielt, wie sie bei Millers Versuch entstanden waren.

RÄTSELHAFT
Die Deutung und Zuordnung von Fossilien ist nicht immer einfach. So auch bei den ältesten Eukaryonten, einer Gruppe mikroskopisch kleiner Fossilien mit zusammengedrückten und flachen, stacheligen und glatten, runden, ovalen oder dreieckigen Formen, die seit 1,8 Mrd. Jahren auftreten. Wahrscheinlich handelt es sich bei den *Acritarcha* (griech. *akritos* = verworren) um einzellige Meeresalgen.

Vielfalt des Lebens

Die Geschichte des Lebens auf der Erde lässt sich nicht leicht nachvollziehen, denn die meisten Tierarten vergangener Zeiten haben keine Spuren hinterlassen. Im Buch des Lebens fehlen zahlreiche Seiten und so kann man den Verlauf der Geschichte oft nur schwer erfassen. Eine ebenso wunderbare wie rätselhafte Seite im Buch des Lebens sind die Fossilien im 530 Millionen Jahre alten Burgess-Schiefer in den kanadischen Rocky Mountains. Nach den fossilfreien Ablagerungen von über 100 Millionen Jahren stößt man hier unvermittelt auf silbrige Abdrücke in dünnen Schieferplatten. 2400 m über dem Meeresspiegel fand man in Schieferschichten im Fels fast 120 Arten von weichkörprigen Tieren und solchen mit dünnen Schalen, die sich erheblich von der Ediacara-Fauna (S. 12–13) unterscheiden. Diese Tiere waren aber nicht nur anders als ihre Vorläufer, einige sind auch völlig anders als die heutigen Formen. Fast könnte man vermuten, dass die Tierwelt vor 530 Millionen Jahren noch vielfältiger war als heute.

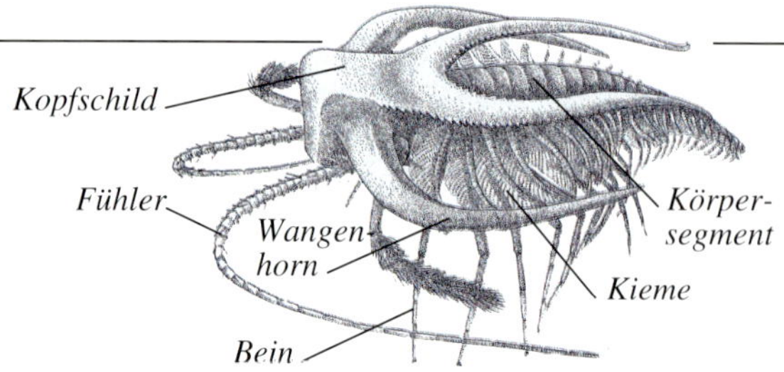

MARRELLA
Marrella hat einen gegliederten Körper. Mit einem Fühlerpaar tastete sie ihre Umgebung ab, mit federartigen Anhängen fächelte sie sich Nahrung in den Mund. Jedes Bein trug einen Kiemenast.

ZAHLREICH
Marrella ist mit über 13.000 bis zu 19 mm langen Exemplaren das häufigste Tier in den Burgess-Schiefern. Am keilförmigen Kopf saßen zwei Paar lange, nach hinten gebogene Stacheln. Jeder der 24 bis 26 Körperabschnitte trug ein Paar zweiästiger Anhänge. Der obere Ast diente als Kieme, der untere als Bein. *Marrella* zeigt, wie gut die Fossilien aus dem Burgess-Schiefer erhalten sind. Die Tiere wurden im Meer unter Schlammmassen begraben. Sie starben, verwesten aber nicht. Als sich der Schlamm zu Stein verdichtete, versteinerten die platt gedrückten Überreste.

ENTDECKER
Charles D. Walcott (1850–1927) von der Smithsonian Institution in Washington/USA entdeckte 1909 den Schatz der Burgess-Schiefer. In sechsjähriger Forschungsarbeit sammelte er 65.000 Fossilien. Aber erst in neuerer Zeit erkannte man die Bedeutung dieser Funde, die sich hauptsächlich in den Sammlungen der Smithsonian Institution und des kanadischen Geological Survey in Ottawa befinden.

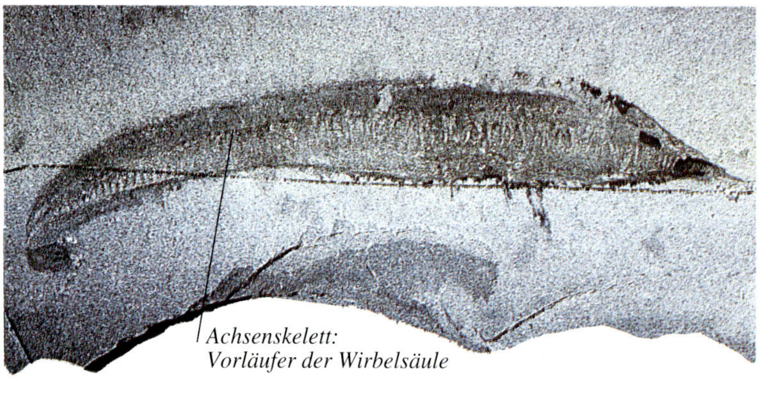

WURM ODER WIRBELTIER?
Von den vielen wirbellosen Tieren im Burgess-Schiefer, wie Würmern, Stachelhäutern, Schwämmen und Gliederfüßern, hebt sich die 4 cm lange *Pikaia* deutlich ab. Sie ähnelt einem Fisch. Walcott bestimmte sie aber als Ringelwurm. Wegen der großen Ähnlichkeit mit dem Lanzettfischchen stellt man *Pikaia* heute zu den Chordatieren, zu denen auch wir gehören.

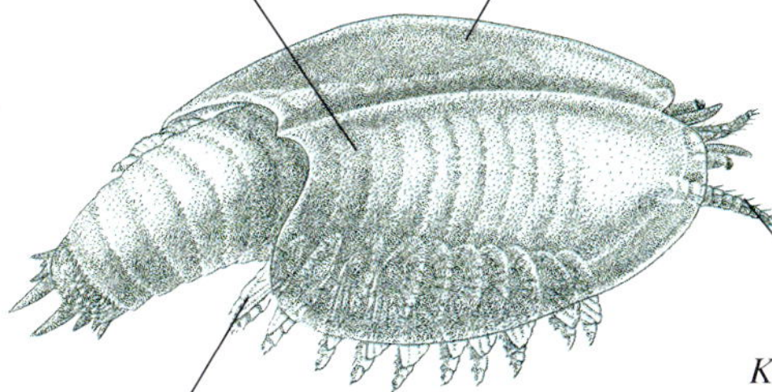

BORSTENTIER
Dieser Ringelwurm erinnert an eine alte Zahnbürste: *Canadia* gehört zu den Polychaeten (Vielborstern). Polychaeten haben einen langen gegliederten Körper mit einem Paar Borstenbüschel an jedem Segment. Die Borsten dienen zum Kriechen und zum Schwimmen. Zu den noch lebenden Borstenwürmern gehören z.B. der Wattwurm und die Seemaus, die ebenso haarig ist wie *Canadia*.

CANADASPIS
Canadaspis ist mit 7,5 cm recht groß und das zweithäufigste Tier in den Burgess-Schiefern. Sie trug einen zweiteiligen Kopf-Brust-Panzer und gehört zu den Krebstieren wie Garnelen, Krabben und Hummer. Unter dem Panzer befanden sich ein Kopf mit Augen, ein 15-gliedriger Körper und zehn Paar Beine und Kiemen.

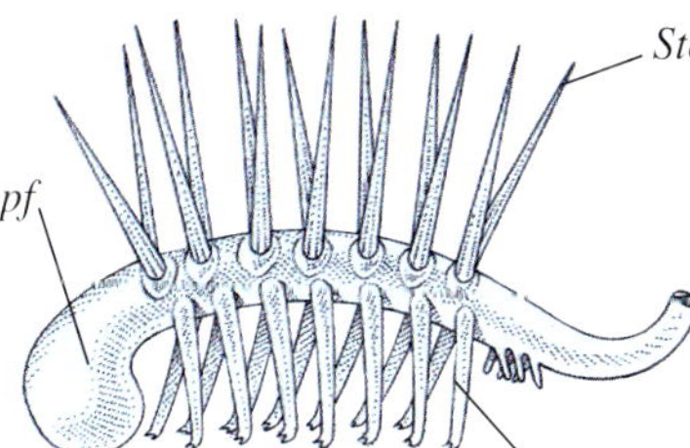

RICHTIG GESTELLT
Neue Fossilfunde aus China, die ebenso alt sind wie die aus den Burgess-Schiefern, zeigen, dass die ersten wissenschaftlichen Rekonstruktionen der 2,5 cm langen *Hallucigenia* das Tier auf dem Kopf darstellten. Die richtige Version ist oben abgebildet. Sieben Paar Stelzen erwiesen sich als Rückenstachel und sieben Tentakel mit pinzettenartigen Greifern als Beine.

IRRTUM?
Das vielleicht seltsamste Tier der Burgess-Welt war *Hallucigenia*. Welches Tier hat sieben Paar Stacheln, sieben Tentakel und einen röhrenförmigen Körper, an dessen einem Ende ein dünnes Rohr und an dessen anderem ein Ballon sitzt?! *Hallucigenia* war so bizarr, dass sich die Wissenschaftler nicht sicher waren, wo vorn und hinten und wo oben und unten war. Neue Funde aus China weisen *Hallucigenia* als raupenförmigen Stummelfüßer aus. Eine weitere Lücke in der Fossilgeschichte ist geschlossen.

SCHUPPEN UND STACHELN
Schuppen und Stacheln sind nahezu alles, was man von *Wiwaxia* erkennen kann. Zunächst hielt man das Tier für einzigartig, nach neueren Untersuchungen ist es mit der Seemaus, einem Polychaeten, verwandt. Die gerieften, flachen Schuppen überlappen und bilden einen Panzer, die Stacheln stehen zur Verteidigung in zwei Reihen ab. Zwei weitere Funde vervollständigen das Bild von der 4 cm langen *Wiwaxia*. Ein Paar bezahnter Lamellen diente zum Fressen. Armfüßer, die auf einigen Schuppen saßen, zeigen, dass *Wiwaxia* am Meeresboden entlangkroch und nicht im Boden grub.

Harte Schalen

In den 110 Millionen Jahren, die die Lebewesen der Ediacara von den Fossilien aus den Burgess-Schiefern trennen, entwickelten viele Tiere mit weichen Körpern harte Schalen. Einer der wichtigsten Bestandteile der Schalen ist Kalzit, eine Form von Kalziumkarbonat (Kalk). Bei den Gliederfüßern besteht der Außenpanzer aus Chitin, einer mit Zucker verwandten Substanz. Manche Tiere bildeten ein geschlossenes Kalkgehäuse, andere einen Panzer aus einzelnen Platten. Trilobiten konnten schwimmen und auf dem Meeresboden kriechen. Sie bewegten ihr gelenkiges Außenskelett mit Muskelkraft. Die Gehäuse von Korallen und Armfüßern waren fest am Untergrund verankert. Außenskelette und harte Schalen schützten die Tiere wirkungsvoll vor Feinden. Dank dieser harten Hüllen sind aber auch Millionen faszinierender Fossilien überall auf der Welt in Gesteinen erhalten.

Rekonstruktion von *Cothurnocystis elizae*

Durch einen schmalen Spalt strömt Atemwasser aus.

Mit dem Schwanz schwimmt das Tier über den Meeresboden.

Dactylioceras commune
Unterer Jura
Großbritannien

KOPFLOS
Im Mittelalter hielt man Ammoniten für versteinerte Schlangen. Daher meißelte man in einige Exemplare einen Schlangenkopf.

Mund am offenen Ende des Schuhs

Schuhförmiger Kopf

Schlitz an der „Schuhspitze"

Cothurnocystis elizae
Oberes Ordovizium
Schottland

EIN VERWANDTER?
Cothurnocystis elizae (440 Mio. Jahre alt) passt in eine hohle Hand. Einige Wissenschaftler glauben, dass von seinen Vorfahren auch die Wirbeltiere, und damit auch der Mensch, abstammen. Der schuhförmige Körper war von Kalkplatten geschützt. Mit dem Stiel schwamm *Cothurnocystis* über den Boden, dabei nahm er Wasser auf und filterte Nahrungspartikel heraus. Das Wasser wurde dann durch Schlitze wieder ausgeschieden.

Raphidonema faringdonense
Mittlere Kreide
England

STACHELSCHWAMM
Wir kennen sie als weiche Badeutensilien, doch haben viele Schwämme ein Skelett aus Streben und Stacheln. Dieser Schwamm hat ein Kalkskelett, andere bauen ihre Körperstütze aus Siliziumoxid, dem Hauptbestandteil von Glas, auf. Das Skelett trägt die weichen Organe der Tiere und verankert sie am Meeresgrund.

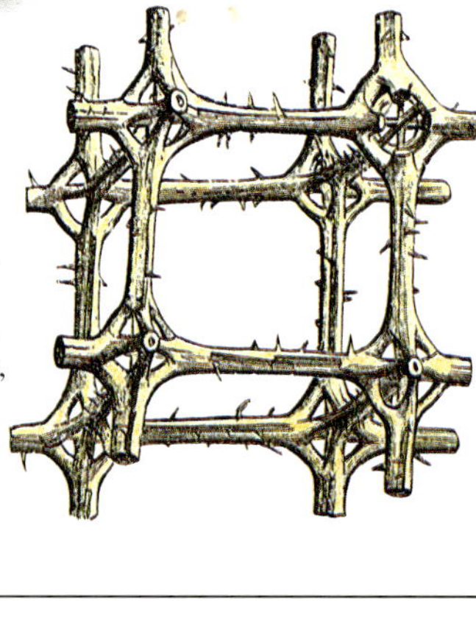

Skelett eines Schwamms mit harter, scharfkantiger Struktur

SEELILIE
Seelilien wie *Leddesdalenais* sind mit einem Stiel aus elastisch verbundenen Kalkgliedern fest am Boden verankert. Mit kleinen Füßchen an ihren langen Armen filtern die Tiere ihre Nahrung aus dem Wasser. In Rinnen in den Armen gelangt sie zum Mund in der Mitte der Mundscheibe. Seelilien gibt es noch heute. Sie traten erstmals vor etwa 500 Mio. Jahren auf und gehören wie Seeigel und Seesterne zu den Stachelhäutern.

Winziges Füßchen zum Ergreifen der Nahrung

Kalkplatte des Skeletts

Der biegsame Stiel besteht aus Kalkgliedern.

Leddesdalenais woodocrinus
Karbon
Schottland

PANZERSCHUTZ

Trilobiten prägten die ältesten Lebensgemeinschaften hartschaliger Meerestiere und überlebten bis vor 245 Mio. Jahren. Im Gegensatz zu Muscheln oder Korallen, die ihren Panzer erweitern, haben Trilobiten sich gehäutet. Bis ihr neuer, größerer Panzer ausgehärtet war, waren sie ungeschützt. Ein Tier häutete sich mehrmals im Leben. Viele alte Panzer (Exuvien) versteinerten und lassen die Tiere häufiger erscheinen, als sie waren.

Großes Facettenauge aus vielen Einzelaugen

Der Endstachel passt genau in eine Grube unter dem Kopf.

Die Körperringe waren gelenkig verbunden, sodass sich das Tier einrollen konnte.

Phacops africanus
Devon
Westliche Sahara

Öffnung für den Stiel, der den Armfüßer am Meeresboden verankerte

Gelenk zum Öffnen und Schließen der Schale

Spirifer
Karbon
Irland

Großes, gebogenes Auge sorgte für hervorragenden Rundumblick.

Der Kopf trug die Mundwerkzeuge.

Bruchlinie („Naht") im Trilobitenpanzer erleichterte die Häutung.

Körpersegment

Schwanzschild (Pygidium): Platte aus verschmolzenen Segmenten

Phacops rana
Devon
Ohio/USA

ARMFÜSSER

Auf den ersten Blick sieht ein Armfüßer wie eine Muschel aus. Er gehört aber zu einer völlig anderen Tiergruppe, die erstmals im unteren Kambrium auftrat. Armfüßer wachsen, indem sie Kalk und organische Stoffe an den Rand der Schale anbauen. In der Schale erzeugen kleine Härchen auf den Tentakeln der Arme einen ständigen Wasserstrom, aus dem kleine Nahrungsteilchen herausgefiltert werden.

BAUMEISTER

Korallenriffe sind die vielfältigsten Lebensgemeinschaften im Meer. Das größte heutige Riff ist das 2000 km lange Große Barriereriff vor Australien. Die ältesten Riffe wurden vor 2 Mrd. Jahren von Algen aufgebaut. Korallenpolypen schlossen sich den Baumeistern erst im mittleren Ordovizium (vor 470 Mio. Jahren) an. Heute findet man Korallen in Flachmeeren bei Temperaturen über 18 °C.

KORALLEN

Diese vielfach verzweigte fossile Koralle war einst eine Kolonie von Tieren. In jeder Vertiefung am Ende eines Zweigs saß ein Polyp. Fiedrige Tentakel umgaben seinen nach oben gerichteten Mund und bewegten sich in der Meeresströmung. Wenn der Polyp wuchs, baute er weiteren Kalk am Skelett unter sich an und vergrößerte und erweiterte seinen Turm. Tiefe Furchen im Fuß des Tiers bauten strahlige Rippen auf, die der wachsenden Koralle Festigkeit gaben.

DAS ERSTE AUGE

Trilobiten waren die ersten Lebewesen, die sehen konnten. Mit ihren hervorragenden Augen konnten sie Bewegungen und Formen im Dämmerlicht des Meerwassers erkennen. Das Material für ihre Schale mussten sie wie alle Lebewesen ihrer Nahrung entnehmen. Nach ihrem Tod versanken die Schalen in den Ablagerungen am Meeresboden. Fossile Trilobiten haben Beinpaare an Kopf, Körper und Schwanzschild, aber keine Spuren der zarten Fühler. An jedem Bein befand sich eine federförmige Kieme, die vielleicht auch zum Schwimmen diente. Ein kleiner Trilobit wuchs, indem er neue Segmente anlegte, bis die Segmentzahl eines Erwachsenen erreicht war.

In dieser Vertiefung saß der Polyp.

Ketophyllum
Silur
Schweden

Innenskelett statt Panzerhaut

In den 60 Millionen Jahren, in denen die Burgess-Fossilien lebten, entstand eine Gruppe von Tieren, die keinen harten Panzer hatten. Ihr Körper wurde von Knochen im Inneren gestützt. Knochen bestehen aus harten Mineralien und elastischen Eiweißen. Zellen im Inneren der Knochen werden durch Blutgefäße versorgt und machen den Knochen zu einem lebenden Organ. Knochen, Zähne und Schuppen sind dauerhaft und fossil sehr gut erhalten. Die ersten Wirbeltiere – kieferlose Fische – erschienen vor 470 Millionen Jahren. Einige Fische, die kieferlosen Cephalaspiden und die Panzerfische, besaßen einen dicken Knochenpanzer. Die ältesten Kieferlosen lebten als Nahrungsstrudler am Meeresboden. Im Laufe der Evolution verschwand der Kopfpanzer. Aus einigen seiner Knochen entstanden bezahnte Kiefer. Den Erfolg der Knochenfische (*Teleostei*) zeigt ihre heutige Artenzahl: fast 21.000.

VIELSEITIG
Louis Agassiz (1807–1873), ein gebürtiger Schweizer, wanderte in die USA aus. Er war Fischkundler und erforschte die Eiszeit.

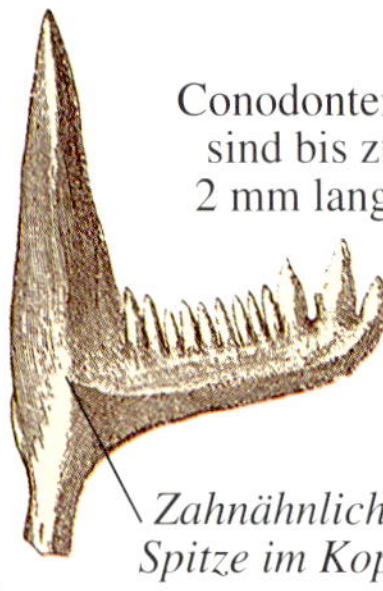

RÄTSELHAFTER ZAHN
Über 100 Jahre lang rätselte man, ob die kleinen, zahnähnlichen Dornen von Weichtieren, Fischen, Würmern oder Pflanzen stammen. Das Rätsel wurde in Schottland gelöst. Dort fand man Conodonten aus dem Unterkarbon als Bestandteile eines langen, weichen, aalähnlichen fossilen Tiers. Vielleicht war es ein urtümlicher Wirbeltierverwandter.

PANZERSCHUTZ
Einer der am stärksten gepanzerten Panzerfische, der 13 cm lange, 370 Mio. Jahre alte *Pterichthyodes*, war am ganzen Körper durch Knochenplatten geschützt. Sogar die Brustflossen trugen eine Knochenpanzerung und waren zum Schwimmen wohl nicht zu gebrauchen.

Pterichthyodes milleri
Mitteldevon
Schottland

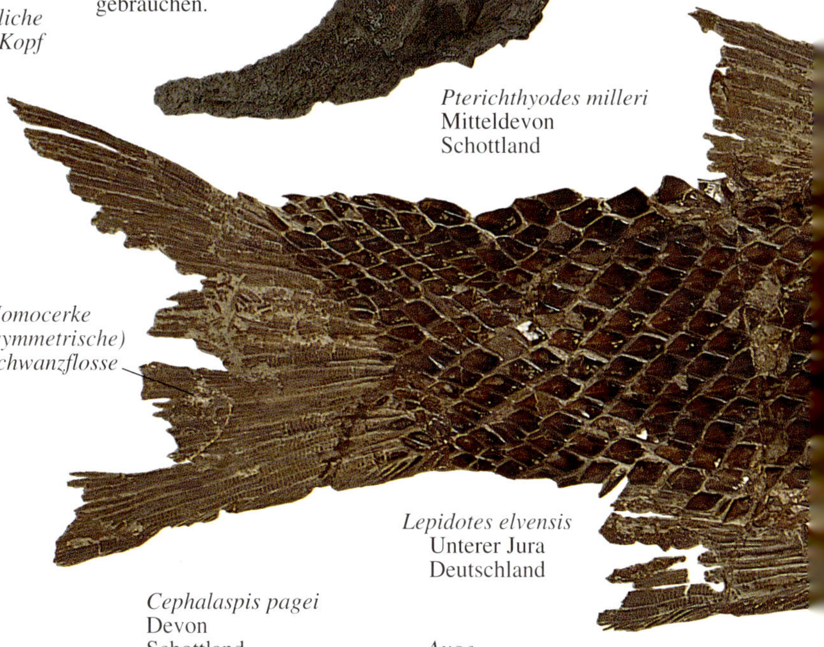

Lepidotes elvensis
Unterer Jura
Deutschland

Birkenia elegans
Silur
Schottland

SCHUPPENSCHUTZ
Birkenia war ein kleiner, spindelförmiger kieferloser Süßwasserfisch und lebte vor 425 Mio. Jahren. Überlappende Knochenschuppen bedeckten den Körper. Vom Rücken standen mehrere Stacheln ab. Ein Mosaik aus Knochenplatten bedeckte den Kopf. Dahinter bilden Kiemenöffnungen eine gepunktete diagonale Linie.

Cephalaspis pagei
Devon
Schottland

KEINE KIEFER
Die ersten Fische waren kieferlos. Mit dem Kiemendarm filterten sie Nahrung aus dem Wasser. *Cephalaspis* besaß einen knöchernen Kopfpanzer; nach hinten gebogene Dornen schützten die Brustflossen. Zwei Augen und ein Nasenloch saßen am Kopf. Außerdem hatten die Tiere drei Sinnesfelder am Kopf (Gleichgewichts- und Hörorgan). *Cephalaspis* und *Birkenia* waren Ostracodermen – „Schalenhäuter".

Die fleischige Brustflosse wird von einer Hauptachse mit seitlichen Strahlen gestützt.

Gelappter Schwanz

Holophagus penicillata
Oberer Jura
Deutschland

ALTE GESCHICHTE

Wenn eine Art als Fossil fehlt, kann das bedeuten, dass sie nicht versteinerte oder dass sie ausgestorben war. Jahrzehntelang glaubten die Paläontologen, dass die Quastenflosser vor 65 Mio. Jahren, am Ende der Kreidezeit, ausstarben. Doch 1938 gelang vor der Ostküste Südafrikas ein sensationeller Fund: ein lebender Quastenflosser. Seither hat man vor den Komoren, nordwestlich von Madagaskar, viele Exemplare gefangen. Zusammen mit den Lungenfischen (S. 24–25) bilden die Quastenflosser, wie der 36 cm lange, fossile *Holophagus*, die Gruppe der Sarcopterygier („Fleischflosser").

Dreilappige Schwanzflosse

Afterflosse

LEBENDES FOSSIL

Latimeria ist die einzige bekannte lebende Quastenflosserart. Den Eingeborenen der Komoren war sie längst bekannt: ihre rauen Schuppen eignen sich hervorragend als Schmirgelpapier beim Flicken von Fahrradreifen.

HERING IN STEIN?

Der 43 cm lange *Diplomystus* aus den Green-River-Schiefern, Wyoming/USA, hat ein typisches Knochenfischskelett. Im Vergleich zu *Lepidotes* sind seine Schuppen kleiner und dünner. Das Skelett ist elastisch und beweglich: eine Anpassung an das Schwimmen. *Diplomystus* ist verwandt mit Heringen, Sardinen und Anchovis. Diese Fische gehören zu den Strahlenflossern (Actinopterygiern), der größten Gruppe der Knochenfische.

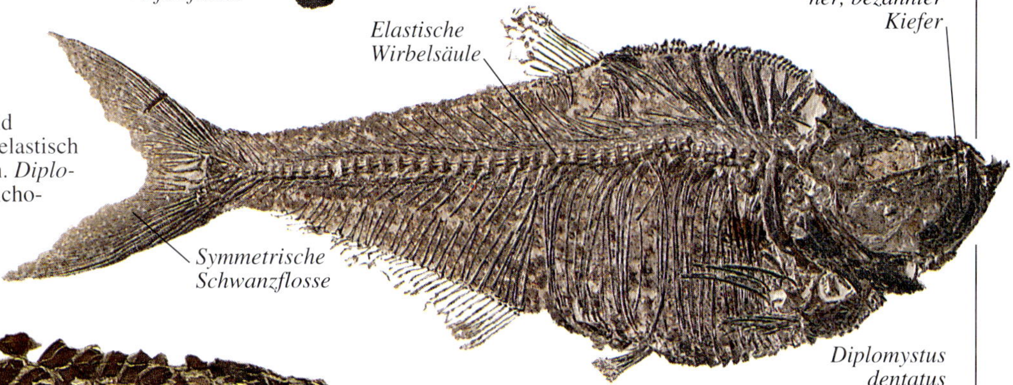

Elastische Wirbelsäule

Nach oben gebogener, bezahnter Kiefer

Symmetrische Schwanzflosse

Diplomystus dentatus
Eozän
USA

Die Rückenflosse wird von Knochenstrahlen gestützt.

Große Augenhöhle

Mit vielen Gelenken in Schädel und Kiefer kann das Maul weit aufgerissen werden.

Kiemendeckel

Brustflosse

STRAHLENFLOSSEN

Mit seinem Schuppenpanzer war der 1,2 m lange *Lepidotes* sicher ein schwerfälliger Schwimmer. Wie die meisten heutigen Fische gehört er zur größten Knochenfischgruppe, den Strahlenflossern. Ihr namengebendes Merkmal sind Knochenstrahlen als Stütze der Flossen. Dank einer Schwimmblase können sie im Wasser auf und ab schweben. Mit seinen kräftigen Zähnen fing *Lepidotes* bodenlebende Schalentiere.

SCHÖNER ENGEL

Dieses 12 cm lange, gut erhaltene Skelett fand man bei Monte Bolca in Norditalien. Mit ein wenig Farbe könnte man daraus einen heutigen Engelfisch aus einem tropischen Korallenriff machen. *Naso rectifrons* sammelte in Felsspalten seine Nahrung und schreckte Feinde durch seine Farben ab.

Engelfisch

Naso rectifrons
Oberes Eozän
Italien

Seeungeheuer

Geschichten von Seeungeheuern gibt es, seit Menschen die Ozeane und großen Seen befahren. Noch immer erzählt man sich Märchen und Mythen von Meerjungfrauen, dem legendären Wal Moby Dick oder dem Ungeheuer im schottischen Loch Ness. Im Laufe der Evolution schwammen viele monströse Lebewesen durch die Weltmeere. Manche der frühen Lebensformen waren auf den Meeresgrund als Lebensraum beschränkt, andere jagten im offenen Wasser nach Beute. In diesem Wettbewerb stellte die Körpergröße einen gewichtigen Vorteil dar. Riesenräuber erschienen in vielen Tiergruppen. Trotz ihrer 70 cm Körperlänge konnten sich die Trilobitenriesen nicht mit *Pterygotus*, einem Breitflosser (*Eurypterida*) aus dem Devon, messen. Die Entwicklung von Kiefern zum Zubeißen gab den Fischen einen Vorteil gegenüber den anderen Meeres- und Süßwassertieren; hinzu kamen Riesenformen wie der Panzerfisch *Dunkleosteus* und später der Knochenfisch *Xiphactinus*. Seither beherrschen Fische die Weltmeere und selbst die Furcht erregenden Meeressaurier (S. 38–39) konnten ihren Siegeszug nicht aufhalten.

SILURSEE
Räuberische Breitflosser (skorpionähnliche Gliederfüßer) beherrschten das Meer im Silur (vor 439–409 Mio. Jahren). Während die meisten Fische noch keine Kiefer hatten und sich als Filtrierer ernährten, waren die Breitflosser gewandte Räuber. Einige spätere Formen wurden 2 m lang.

WELCH EIN FANG!
Die meisten heutigen Fische gehören zu den Knochenfischen – etwa 21.000 Arten. Keine aber übertrifft an Größe *Xiphactinus*. Lebend erreichte er 4,2 m Länge und ein Gewicht von 750 kg. *Xiphactinus* lebte vor etwa 80 Mio. Jahren in den kreidezeitlichen Meeren Europas, Australiens und Nordamerikas. Seine großen Kegelzähne waren wahrscheinlich das Letzte, was seine Beutetiere von der Welt sahen.

PINZETTEN UND PADDEL
Die Breitflosser (*Eurypterida*) erschienen vor 470 Mio. Jahren. Sie gehören wie die Spinnen und Skorpione zu den Spinnentieren. Ihr Körper war segmentiert, wie für alle Gliederfüßer (z.B. Trilobiten, S. 16–17) typisch. Sie besaßen Cheliceren zum Zerkleinern ihrer Beute. Dieser Breitflosser (Aufsicht auf die Bauchseite) hat sechs Paar Gliedmaßen: ein Paar pinzettenartige Cheliceren, vier Paar gegliederte Laufbeine und ein zu kräftigen Paddeln umgebildetes letztes Beinpaar.

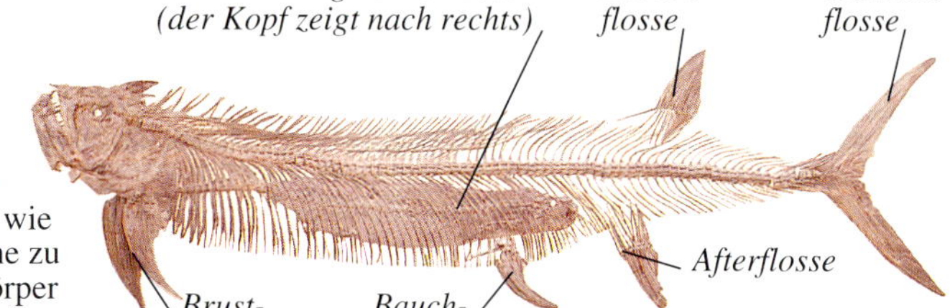

FISCHFUTTER
Die Nahrung von *Xiphactinus* in den kreidezeitlichen Meeren ist bekannt: Man fand einige vollständige Skelette mit dem ebenfalls vollständigen Skelett eines anderen Fischs – *Gillicus* – im Bauch. *Gillicus* war mit 1,80 m kein kleiner Fisch. Einige Wissenschaftler vermuten, dass diese *Xiphactinus*-Exemplare an ihrer Gefräßigkeit starben: Sie konnten die zu große Beute nicht verdauen.

Gepanzerter Kopf von *Dunkleosteus*

KOPFKAPSEL
Dicke Knochenplatten schützten Kopf und Schultern von *Dunkleosteus*. Die Kopfkapsel war gelenkig mit dem Schulterschutz verbunden, sodass der Kopf bewegt werden konnte.

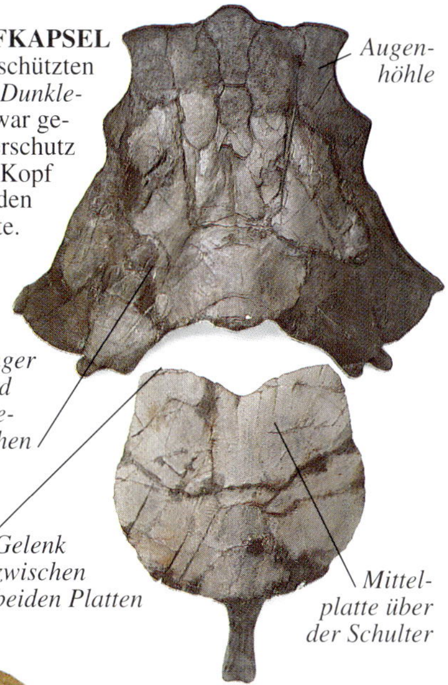

Dunkleosteus
Karbon, Ohio/USA

PANZERKNACKER
Wie *Pterichthyodes* (S. 18–19) gehörte *Dunkleosteus* zu den Panzerfischen, aber sein Panzer bedeckte nicht den ganzen Körper. *Dunkleosteus* war der schrecklichste Räuber des Oberdevon vor etwa 365 Mio. Jahren. Kopf und Vorderkörper waren von dicken Knochenplatten geschützt und mit über 9 m erreichte er eine gewaltige Größe. In den Kiefern befanden sich keine Zähne, sondern Knochenzacken, die andere Panzerfische leicht knacken konnten.

Xiphactinus audax
Oberkreide
Kansas/USA

FOSSILIENJÄGER
George F. Sternberg erregte mit seinen Brüdern und seinem Vetter durch Dinosaurierfunde Aufsehen. Er entdeckte und barg auch gewaltige Exemplare von *Xiphactinus*. Den Lebensunterhalt bestritt er mit dem Verkauf seiner Funde. Aber dieses „Fisch-im-Fisch"-Fossil, 1952 aus Kalkablagerungen in Kansas/USA geborgen, war etwas so Besonderes, dass es im Sternberg-Museum in Kansas blieb.

PER ANHALTER
Einer der seltsamsten Haie ist der 330 Mio. Jahre alte *Stethacanthus*. Er hatte an Kopf und Rückenflosse Felder kleiner Zähne. Vielleicht hielt er sich damit als „blinder Passagier" an anderen Fischen fest oder sie hatten eine Funktion bei der Paarung.

GROSSER GREIFER
Die Zähne des 15 Mio. Jahre alten, ausgestorbenen Hais *Carcharocles megalodon* sind scharf und gefährlich. Die 1,8 m messenden Kiefer (mit 44 Zähnen) lassen auf eine Körperlänge von mindestens 13 m schließen.

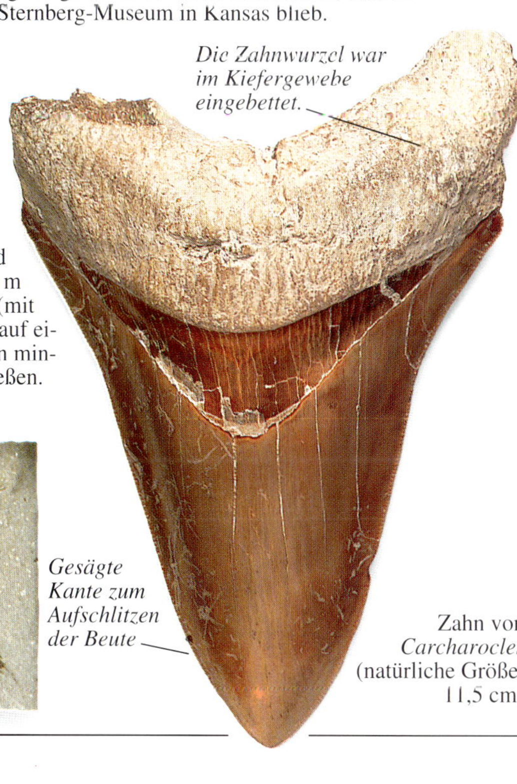

Zahn von *Carcharocles* (natürliche Größe: 11,5 cm)

Eroberung des Festlands

Im Wasser trocknen Lebewesen nicht aus und die Nahrung wird einfach herbeigespült. Die Lebewesen müssen nicht ihr ganzes Gewicht tragen – sie erhalten Auftrieb vom Wasser. Als die ersten Pflanzen das Festland eroberten, waren neue Anpassungen notwendig. Die älteste Landpflanze, *Cooksonia*, lebte vor 400 Millionen Jahren. Lang gestreckte Zellen mit wellenförmig verstärkten Zellwänden (Tracheiden) hielten die Pflanzen aufrecht und bildeten ein Röhrensystem für den Wassertransport. Wurzeln nahmen das Wasser auf. Gefäßpflanzen haben eine wasserdichte äußere Zellschicht, die die Verdunstung verhindert. Öffnungen kontrollieren den Gasaustausch. Überall, wo sich Pflanzen ansiedelten, folgten ihnen Gliederfüßer, denen die Pflanzen Nahrung und Lebensraum boten. Die Beziehung zwischen Millionen von Insekten und Pflanzen hat sich als sehr erfolgreich erwiesen.

SILURSZENE
Kleine Gefäßpflanzen wie *Cooksonia* erschienen gegen Ende des Silurs. Meist wuchsen sie in sumpfigen Lebensräumen. Grünalgen waren weit verbreitet. Gliederfüßer suchten in abgestorbenen Pflanzen am Boden nach Nahrung und verbesserten gleichzeitig die Bodenqualität.

Spore von Tetrahedraletes

Sporangium auf dem Stiel eines heutigen Lebermooses

Sporentasche an der Spitze des Stängels von Cooksonia

FRÜHE PFLANZEN
Die ersten Landpflanzen vermehrten sich mit Sporen, die vom Wind verweht wurden. *Cooksonia* trug, ähnlich wie ein heutiges Lebermoos, seine Sporen in 1 mm großen Beuteln (Sporangien) an den Stängelspitzen. Kryptosporen wie die von *Tetrahedraletes* kennt man aus dem Devon; sie könnten von laubmoosähnlichen Pflanzen ohne ausgeprägtes Gefäßsystem stammen.

Scheibenförmiges Sporangium

Blattähnliche Schuppe von Asteroxylon

Einzelnes Sporangium an der Stängelspitze

Frühe Rekonstruktion des einfachen Wurzelsystems mit dreischichtigen Stängeln von Aglaophyton

Ein heutiger Springschwanz ähnelt *Rhyniella*, dem ältesten in Rhynie gefundenen Insekt.

Protacarus – eine räuberische Milbe aus Rhynie (Devon)

Versteinerte Pflanzen in silikatreichem Gestein aus den Rhynie Cherts/Schottland

Heißes Wasser

Die Pflanzen von Rhynie wurden in silikatreichem Wasser aus vulkanischen heißen Quellen konserviert. Ein dickes Gel bewahrte sie vor der Zerstörung und erhielt sogar mikroskopische Strukturen von Stängel, Sporen und Blättern. Auch Überreste von Spinnen, Milben und anderen Gliederfüßern blieben erhalten. *Asteroxylon* (50 cm groß) trug große, flache Sporangien und hatte ein verzweigtes Leitsystem. *Aglaophyton major* hatte 18 cm lange Stängel und vereint Merkmale von Moosen und Gefäßpflanzen.

LAUBSÄGER
Gliederfüßer spielten für Landpflanzen von Anfang an eine große Rolle. Tausendfüßer leben von abgestorbenen Pflanzenteilen. Sie bearbeiten die Laubstreu und sorgen so dafür, dass diese schnell zu fruchtbarem Boden wird. Der Riesentausendfüßer *Acantherpestes* wühlte im Karbon in der Streu am Waldboden.

Ein heutiger Tausendfüßer ähnelt sehr dem fossilen Riesentausendfüßer *Acantherpestes*.

Rekonstruktion von *Arthropleura*

GÄRTNER
Der 1,80 m lange *Arthropleura* war ein Pflanzenfresser. Versteinerter Darminhalt dieses größten landlebenden Gliederfüßers beinhaltete holzige Pflanzenteile. Auf einem Beinglied wurden fossile Pollen gefunden. Sie zeigen, dass *Arthropleura* im Karbon zur Pollenverbreitung der Pflanzen beitrug (S. 52–53).

STEINERNER SKORPION
Die heutigen Skorpione werden kaum länger als 10 cm, einige fossile Exemplare aber erreichten 90 cm. Skorpione gehören zu den ältesten Spinnentieren, jener Gliederfüßerklasse, die auch Spinnen und Milben umfasst. Landlebende Spinnentiere atmen mit Fächerlungen (stark gefaltete Gewebeeinstülpungen in den Körper). Alle heutigen Skorpione sind landlebende Räuber. *Gigantoscorpio* war mit seinem großen Schwanzstachel ein räuberisches Monster unter den Tieren des Karbon.

Ein heutiger Skorpion zeigt deutliche Ähnlichkeit mit *Gigantoscorpio*.

Auf allen vieren

DEVON-DIORAMA
Als die Wirbeltiere im Devon (vor 408–362 Mio. Jahren) das Festland eroberten, war das Klima in vielen Teilen der Welt trocken. Die Vorfahren der Tetrapoden, die Quastenflosser, waren in flachen Seen und Flüssen häufig.

Die ersten Amphibien, die das Wasser verließen und das Festland eroberten, hatten noch viele Fischmerkmale. Dazu gehörte u.a. der breite Fischschwanz. Diese plumpen Tetrapoden („Vierfüßer") stapften mit ihren kurzen Gliedmaßen in einen völlig neuen Lebensraum, in dem sie ohne Konkurrenz waren. Um an Land leben zu können, mussten die Tetrapoden Luft atmen können. Außerdem benötigten sie ein stützendes Skelett und Muskeln, die ihren Körper über das Land tragen konnten. Beine waren zur Fortbewegung an Land unerlässlich, und neueste Befunde zeigen, dass sie schon im Wasser entstanden sind. Aber die Amphibien konnten sich nicht ganz aus ihrer Fischvergangenheit lösen: Ihre Haut hatte keinen Austrocknungsschutz und ihre Eier konnten sich nur im Wasser entwickeln. Auch heute noch sind die meisten Frösche, Kröten und Molche an feuchte Lebensräume gebunden.

LUNGENFISCH
Paläontologen wissen seit langem, von welcher Fischgruppe die Tetrapoden abstammen: von den *Rhipidistia*, einer Quastenflosser-Gruppe. Mit ihnen sind die Lungenfische verwandt. *Neoceratodus* kommt etwa jede Stunde an die Oberfläche und atmet einen Mundvoll Luft. Seine Flossen benutzt er zu laufähnlicher Fortbewegung.

Dipterus valenciennesi (ein fossiler Lungenfisch)
Devon, Schottland

Australischer Lungenfisch *Neoceratodus forsteri*

Rekonstruktion von *Eustenopteron foordi*

Fossiler *Eustenopteron foordi*
Oberdevon
Kanada

GUT ZU FUSS?
Versteinerungen des 75 cm langen *Eustenopteron* (ein *Rhipidistia*) fand man in schottischem und kanadischem Gestein aus dem Oberdevon. Die Schädelknochen und andere Merkmale ähneln frühen Amphibien. Die Knochenstrahlen der Brust- und Bauchflossen entsprechen dem Schulter- und Beckengürtel der Tetrapoden. Es ist umstritten, ob sich der Fisch bei Trockenheit auf der Suche nach einem Wasserloch mit seinen Flossen über Land schleppte.

Diese Rekonstruktion von Ichthyostega *hat Schwimmfüße mit fünf Zehen. Heute meint man,* Ichthyostega *habe sieben Zehen gehabt.*

Fossiler Schädel von *Acanthostega*
Oberdevon
Grönland

Rekonstruktion von *Acanthostega*

FISCH AUF DEM TROCKENEN

Die 1952 entdeckten Fossilien von *Acanthostega* sind die ältesten Funde eines Tetrapoden. Das 1 m lange Tier hatte noch Kiemen und einen Fischschwanz und lebte mehr im Wasser als auf dem Land. Das Fossil zeigt, dass die Vierfüßigkeit schon im Wasser entstand und nicht erst auf dem Festland. *Acanthostega* hatte wahrscheinlich zwei Lungen, die mit Luft gefüllt wurden, wenn das Tier aus dem Wasser an das Ufer eines Sees oder Flusses kroch.

Unlängst entdeckter *Acanthostega*-Fund

Flache, paddelförmige Hintergliedmaßen von *Ichthyostega*
Oberdevon, Grönland

EINE HANDVOLL

Die übliche Zahl der Finger und Zehen ist funf. *Ichthyostega* soll allerdings sieben Zehen an den Hinterfüßen gehabt haben, *Acanthostega* sogar acht an den Vorderfüßen.

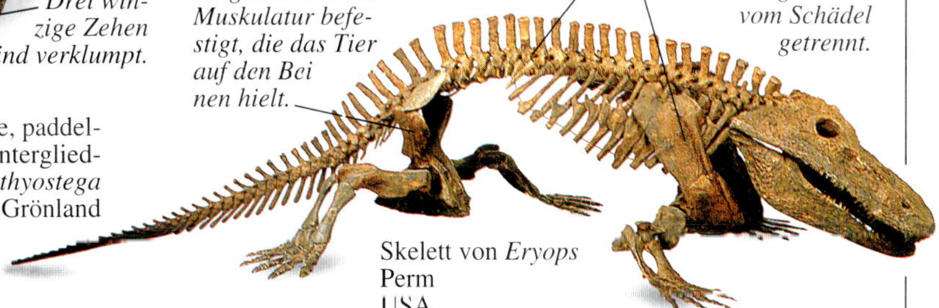

Skelett von *Eryops*
Perm
USA

WETTLAUF

Der breitschultrige, 2 m lange *Eryops* war ein plumper Läufer. Im flachen Schädel trug er scharfe, spitze Zähne, mit denen er nach Beute schnappte. 200 Mio. Jahre nachdem die ersten Amphibien an Land gekrochen waren, gab es eine Fülle von Arten. Aber auch für den großen *Eryops* hatte der Wettbewerb mit den sich ausbreitenden Reptilien begonnen.

Rekonstruktion von *Ichthyostega*
Oberdevon
Grönland

FUSS UND FLOSSE

Der 2 m lange *Ichthyostega*, einer der ersten Tetrapoden, lebte vor ungefähr 360 Mio. Jahren. Seine fossilen Überreste fand man ebenso wie die von *Acanthostega* in Grönland. Diese Rekonstruktion stellt *Ichthyostega* als fischähnliches Amphib dar. Der Fischschwanz gab ihm im Wasser Vortrieb. An Land bewegte sich der Körper mit den gleichen wellenförmigen Bewegungen vorwärts. Mit spitzen Zähnen schnappte *Ichthyostega* seine Beute.

Sumpfwälder

Eine der Voraussetzungen für die industrielle Revolution des 18./19. Jahrhunderts, die Kohlelager, entstanden vor 330 Millionen Jahren. Die Karbonzeit war von warmem, feuchtem Klima geprägt. In dieser Zeit waren weite Landstriche von riesigen Sümpfen mit dichten Wäldern bedeckt. Über Jahrmillionen wurden dicke Schichten abgestorbener Pflanzen abgelagert, die sich in Kohle umwandelten. In den Sumpfwäldern des Karbon standen Farne, 20 m hohe Schachtelhalme und riesige Bärlappbäume wie *Lepidodendron*. Fossilien von Teilen des Schuppenbaums *Lepidodendron* fand man einzeln und benannte sie auch einzeln. Später puzzelte man aus den Einzelteilen die ganze Pflanze zusammen.

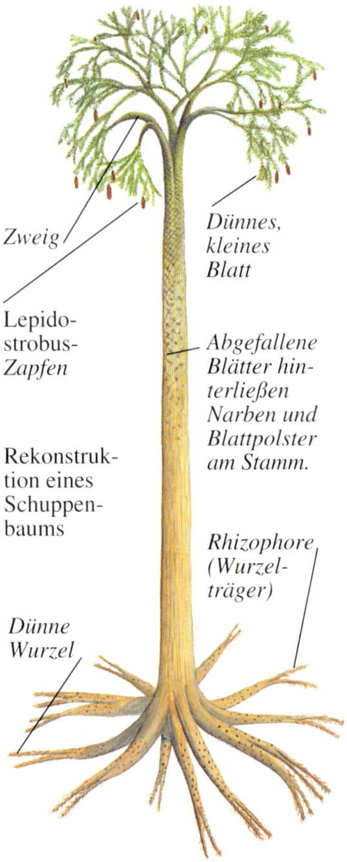

Rekonstruktion eines Schuppenbaums

QUERSCHNITT
Die Holzschicht der Schuppenbäume war dünner als bei heutigen Bäumen. Der größte Teil des Stammquerschnitts (bis 99%) wurde von der korkähnlichen Rinde eingenommen, die dem Baum Stabilität gab.

Lepidostrobus, der Zapfen des Schuppenbaums Karbon Schottland

SPORENZAPFEN
Schuppenbäume vermehrten sich durch Sporen, die vom Wind verweht und vom Wasser weggespült wurden. Die Sporen wurden in 20 cm langen Zapfen (*Lepidostrobus*) gebildet, die an den Zweigspitzen hingen.

Rindenmuster von *Lepidodendron* Karbon Schottland

AUTOREIFENRINDE
Die Rinde des Schuppenbaums erinnert an das Profil eines Autoreifens. Sie besteht aus den Blattpolstern, die nach dem Blattfall sichtbar werden. Diese Blattpolster sind spiralig angeordnet und vom Stamm bis zu den Zweigspitzen in Größe und Form unterschiedlich. Das lässt auf verschiedenartige Blätter schließen.

ZERBRECHLICH
Schuppenbäume wuchsen schnell. In wenigen Jahren wurden sie über 50 m hoch. Solch große Bäume standen nicht im Schatten anderer Pflanzen und ihre Blätter konnten ungestört die Sonnenenergie einfangen. Ihr Stamm enthielt aber nur wenig stabiles Holz, sodass die Bäume wahrscheinlich leicht umstürzten und die Schicht toter Pflanzen im Sumpf schnell wuchs.

Ast eines Schuppenbaums Unterkarbon England

VERZWEIGTE ZWEIGE
Diese beiden Äste wurden unter einer Lawine aus Sand und Wasser begraben und blieben erhalten. Die Äste des Schuppenbaums verzweigten sich dichotom, d.h. sie gabelten sich beim Wachstum, genau wie die Wurzeln. Die Äste waren zeitlebens von dünnen Blättchen bedeckt.

Stigmaria (Wurzelträger) Karbon Schottland

PUZZLEBAUM
Die fossilen Teile des Schuppenbaums wurden getrennt gefunden und bezeichnet: die Rinde *Lepidodendron*, der Zapfen *Lepidostrobus* und die Wurzelträger *Stigmaria*. Den Wurzelträgern entsprangen viele kleine, spiralig angeordnete Wurzeln. Sie versorgten den Schuppenbaum mit Wasser und verankerten ihn im Sumpf.

Die gabelig verzweigten Wurzelträger steckten bis zu 12 m tief im Sumpf.

Wie Steinkohle entsteht

Kohlelager entstanden vom Devon an in vielen geologischen Perioden, aber die Vorkommen aus dem Karbon sind die bekanntesten. Kohlesümpfe bildeten sich, wenn sich Pflanzenmaterial anhäufte und unter Sauerstoffausschluss Torf entstand. In ihm wurden viele Pflanzen und Tiere eingebettet und blieben bis heute fossil erhalten. Lediglich von Sauerstoff unabhängige Mikroorganismen konnten die Pflanzengewebe umwandeln, sie aber nicht völlig abbauen. Auf dem Torf wuchsen neue Pflanzen und sorgten für Nachschub. Bei Fluten wurde der Torf mit Sand und Schlamm bedeckt. Daraus entstanden Gesteinsschichten und darunter bei hohem Druck und hoher Temperatur Kohle. Die chemischen Prozesse, die bei der Kohleentstehung ablaufen, sind im Einzelnen noch nicht bekannt.

Versteinerte Energie:
ein Klumpen Kohle

VERSTEINERTE ENERGIE
Für die industrielle Revolution lieferte Kohle die Energie: für Dampfmaschinen, die chemische Industrie und für den Transport. In vielen Ländern ruhen große Lager dieser Energie- und Rohstoffquelle in der Erde; sie sind ein bedeutender Wirtschaftsfaktor.

BEGRABENER BAUM
Sigillaria, der Siegelbaum, erreichte einen Durchmesser von über 1 m. Sein Stamm wuchs über 30 m hoch. Von einem oder zwei Ästen hingen in Büscheln grasartige Blätter herunter. In Kohleflözen fand man aufrechte Baumstümpfe. Sie zeigen, wie schnell die Sümpfe von Sedimenten bedeckt wurden.

SUMPF – TOT ODER LEBENDIG
Die Kohlesümpfe des Karbon mit abgestorbenen und grünen Pflanzen und einer Fülle von Tieren könnten so ausgesehen haben wie heute die Everglades in Florida. Gliederfüßer lebten in der Streu oder als Räuber, während Amphibien als große Beutegreifer in den Tümpeln Fischen nachstellten.

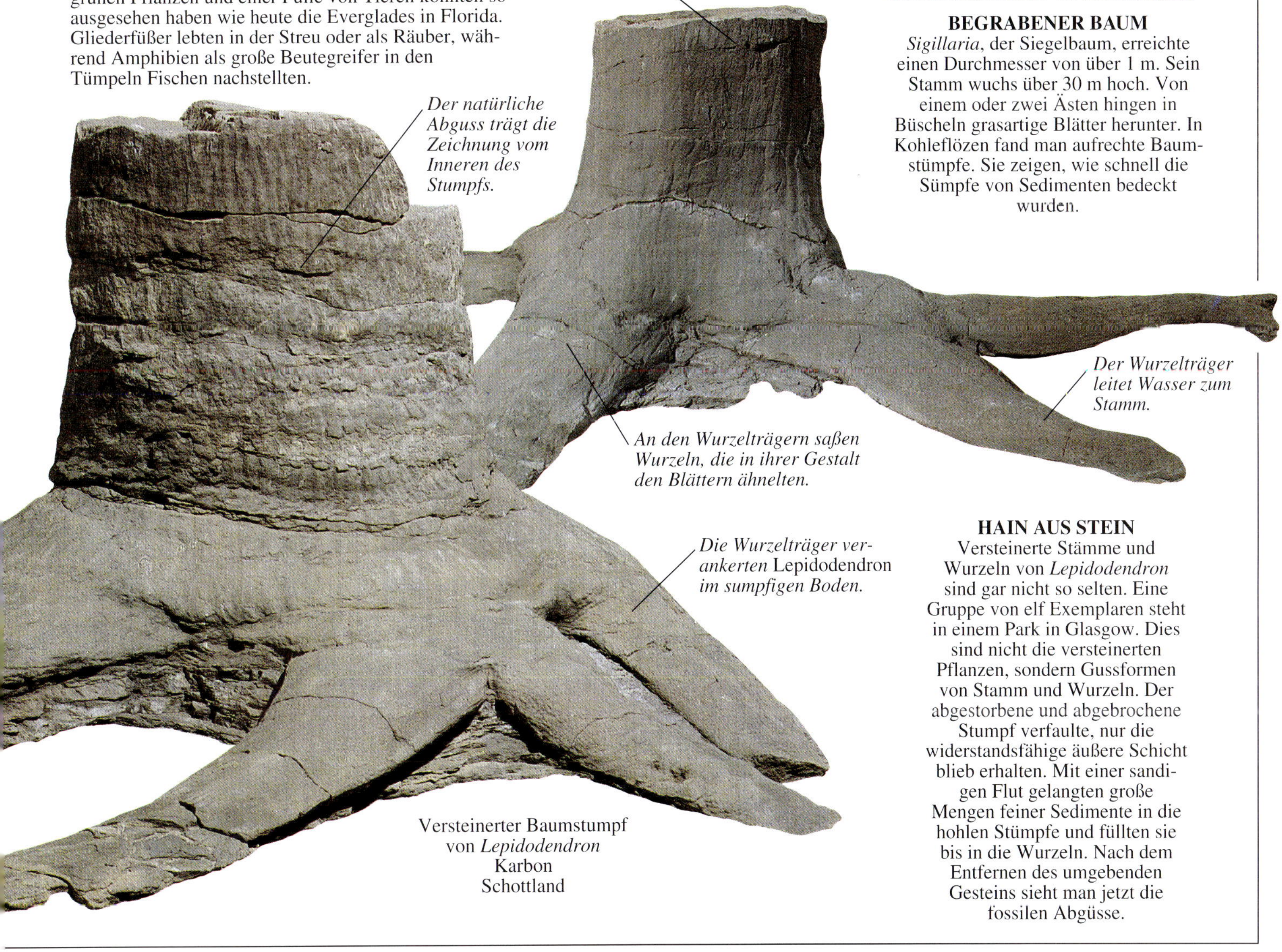

Der abgebrochene Stumpf füllte sich mit Schlamm und blieb in Kohle und Gestein eingebettet erhalten.

Der natürliche Abguss trägt die Zeichnung vom Inneren des Stumpfs.

An den Wurzelträgern saßen Wurzeln, die in ihrer Gestalt den Blättern ähnelten.

Der Wurzelträger leitet Wasser zum Stamm.

Die Wurzelträger verankerten Lepidodendron *im sumpfigen Boden.*

Versteinerter Baumstumpf
von *Lepidodendron*
Karbon
Schottland

HAIN AUS STEIN
Versteinerte Stämme und Wurzeln von *Lepidodendron* sind gar nicht so selten. Eine Gruppe von elf Exemplaren steht in einem Park in Glasgow. Dies sind nicht die versteinerten Pflanzen, sondern Gussformen von Stamm und Wurzeln. Der abgestorbene und abgebrochene Stumpf verfaulte, nur die widerstandsfähige äußere Schicht blieb erhalten. Mit einer sandigen Flut gelangten große Mengen feiner Sedimente in die hohlen Stümpfe und füllten sie bis in die Wurzeln. Nach dem Entfernen des umgebenden Gesteins sieht man jetzt die fossilen Abgüsse.

Reptilienzeit

Einige Amphibien können lange Zeit ohne Wasser überleben, aber um ihre Eier abzulegen, müssen auch sie ins Wasser zurückkehren. Bei Reptilien, Vögeln und Säugern schwimmt der Embryo in einer mit Flüssigkeit gefüllten Höhle. Nach der Hülle dieser Höhle, dem Amnion, fasst man diese Tierklassen zu den Amnioten zusammen. Reptilien- und Vogeleier haben außerdem eine feste Schale. Die ersten Reptilien erschienen im Karbon. Ob sie noch wie Amphibien oder schon wie Eidechsen aussahen, ist unklar. Da die inneren Strukturen von Eiern fossil nicht erhalten sind, muss man Amphibien und Reptilien anhand von Skelettmerkmalen unterscheiden.

SONNENSEGEL
Dimetrodon, ein Pelycosaurier aus dem Perm, war ein Räuber und wurde bis zu 3 m lang. Auf dem Rücken trug das Tier ein Sonnensegel, mit dem es Wärme abstrahlen, aber auch Sonnenwärme tanken konnte.

SEGEL SETZEN
Edaphosaurus, ein Pflanzen fressender Pelycosaurier, trug an langen Wirbelfortsätzen ebenfalls ein Hautsegel.

Dornfortsätze der Wirbel trugen das Hautsegel von *Edaphosaurus*. Unteres Perm USA

ZUALLERERST
In einem kleinen Steinbruch im Herzen Schottlands fand man mit einem 20 cm langen Skelett eines der wichtigsten Fossilien, die bisher entdeckt wurden. Die zwischen Gestein zusammengedrückte, 338 Mio. Jahre alte *Westlothiana lizziae* ist das älteste bekannte Reptil.

Rekonstruktion von *Westlothiana lizziae* (Blick von oben) auf der Grundlage wissenschaftlicher Erkenntnisse und künstlerischer Vorstellung

KEINER VERSTEHT MICH
Westlothiana wurde in Gestein des Unterkarbon entdeckt. Es entstand in einem See, der von heißen vulkanischen Quellen gespeist wurde. Dort fand man auch Skelette von Amphibien, ebenso Spinnen, Skorpione und Tausendfüßer. Samenfarne wuchsen in der Nähe. *Westlothiana* war 30 cm lang, hatte einen langen Körper und kurze Beine. In einigen, aber nicht allen Merkmalen stimmt sie mit Reptilien überein. Es ist nicht verwunderlich, dass *Westlothiana* kaum von den Amphibienvorfahren zu unterscheiden ist.

Rekonstruktion von *Westlothiana lizziae*, dem ältesten bekannten Reptil Unterkarbon Schottland

Schädel, Wirbelsäule und Unterseite der Hintergliedmaßen von *Procolophon*
Untere Trias
Südafrika

Rückgrat

Breite Backenzähne

Vordergliedmaße

Linkes Bein

Rechter Fuß

GESCHLOSSENER SCHÄDEL
Urtümliche Kriechtiere, die Anapsiden (z.B. *Procolophon*), besaßen eine lückenlose Schädelkapsel hinter den Augenhöhlen. Weiterentwickelte Reptilien hatten ein oder zwei Schläfenfenster.

ZURÜCK INS WASSER
Einige Reptilien kehrten ins Wasser zurück. Mesosaurier wie *Stereosternum* gingen als erste Reptilien diesen Weg. Sie hatten einen Ruderschwanz und kräftige Hinterextremitäten.

Fossiles Skelett von *Stereosternum*
Unteres Perm
Brasilien

Lange Schnauze mit vielen schmalen Zähnen

Hinterfüße und Schwanz sorgten für Vortrieb.

Parietalauge

Kräftige Gliedmaßen tragen den untersetzten Körper.

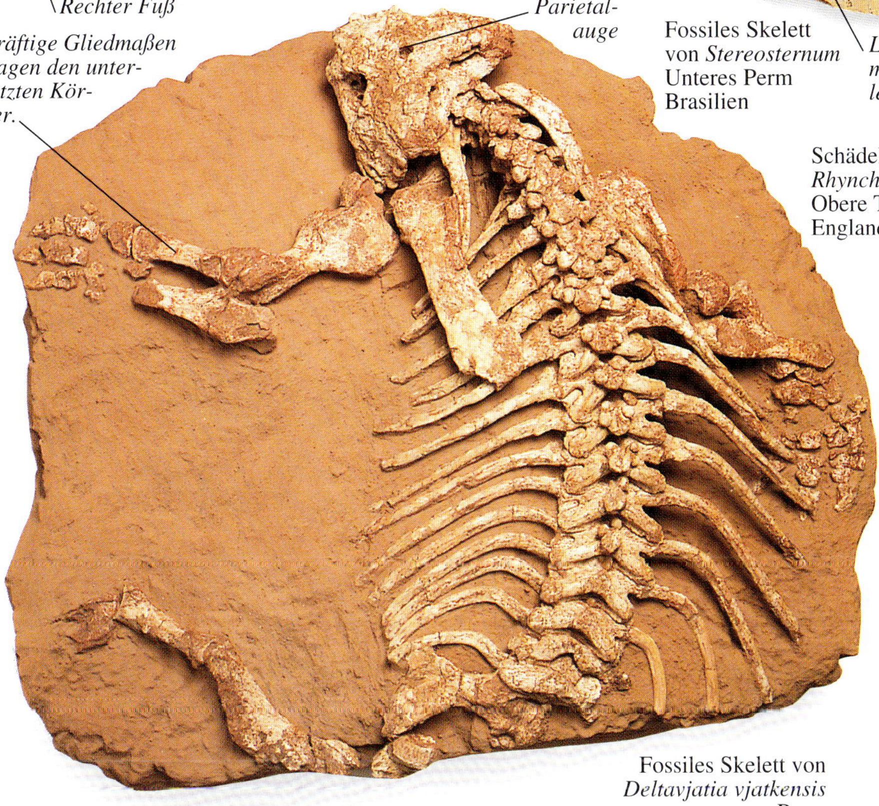

Fossiles Skelett von *Deltavjatia vjatkensis*
Perm
Russland

Schädel von *Rhynchosaurus*
Obere Trias
England

PFLANZENPFLUG
Der Hakenschnabel von *Rhynchosaurus* reichte über den Unterkiefer. Er diente dazu, Pflanzen aus dem Boden zu ziehen und abzureißen. Dicht gepackte Zähne im Unterkiefer standen einer bezahnten Grube im Oberkiefer gegenüber. Kräftige Muskeln schlossen die Kiefer. Die abgenutzten Zähne hinterließen einen scharfkantigen Kieferknochen.

Belodon – ein krokodilähnliches Reptil aus der Trias

MODERNES FAHRGESTELL
In der zweiten Hälfte des Perm erschien mit den Pareiasauriern eine Gruppe anapsider, bis 3 m langer Reptilien. Pareiasaurier wie der russische *Deltavjatia* hatten kräftige Gliedmaßen, die nicht mehr seitlich abstanden, sondern unter den Körper rückten. Der Schädel trug Knochendornen und in die Haut eingebettete Knochenplatten. Pareiasaurier waren Pflanzenfresser, ihre Zähne erinnern an die heutiger Eidechsen.

Der Schädel ist im Vergleich zum übrigen Körper klein.

Die Gestalt von Westlothiana lizziae *erinnert sehr an heutige vierfüßige Reptilien.*

Kurzes, kleines, aber gut ausgebildetes Bein

Reptilien und Säuger

Wenn man die Geschichte des Lebens nachzeichnet, geht man vor wie beim Verbinden von Punkten. Wenn die Punkte weit entfernt sind, erhält man eine lange Gerade. Die Entwicklung von Reptilien zu Säugern verlief alles andere als gerade. Reptiliengruppen erschienen und verschwanden wieder. Als Ahnengruppe der Säuger gelten die Cynodonten. Sie gehören zu den *Theromorpha*, den Säugerähnlichen Reptilien, die auch die Pelycosaurier (wie *Dimetrodon*) und die Pflanzen fressenden *Dicynodontia* umfassen. Im Gegensatz zu den anderen Reptilien sind die Säugerähnlichen Reptilien synapsid, d.h. sie haben nur ein Schläfenfenster.

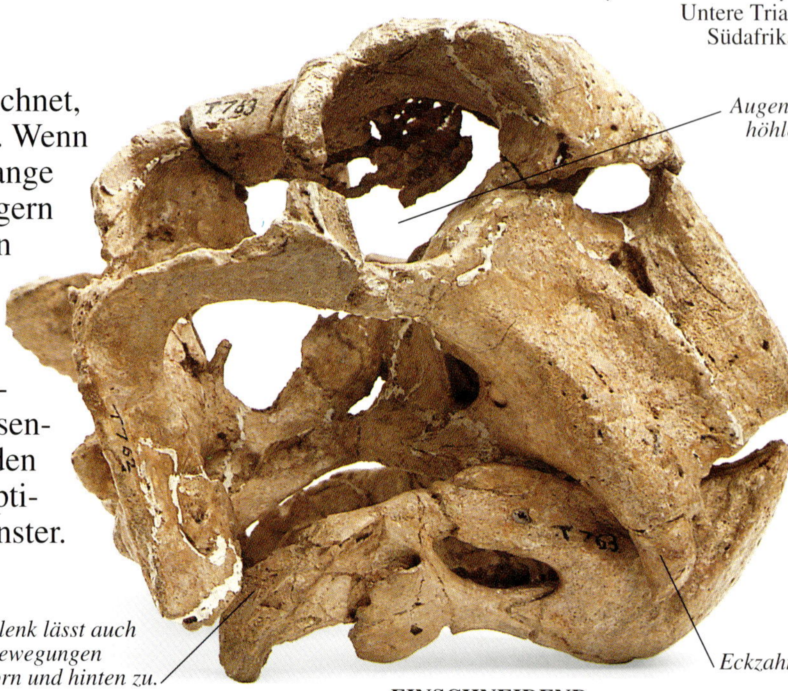

Schädel von *Lystrosaurus murrayi* Untere Trias Südafrika

EINSCHNEIDEND
Lystrosaurus, in der unteren Trias eines der verbreitetsten Reptilien, hatte außer zwei Eckzähnen keine Zähne. Als Dicynodontier besaß er einen hornigen Schnabel, der seine kurze Schnauze bedeckte. Dicynodontier waren Pflanzenfresser; um Wurzeln und Stängel abzutrennen, konnten sie die Kiefer auch gegeneinander vor und zurück bewegen.

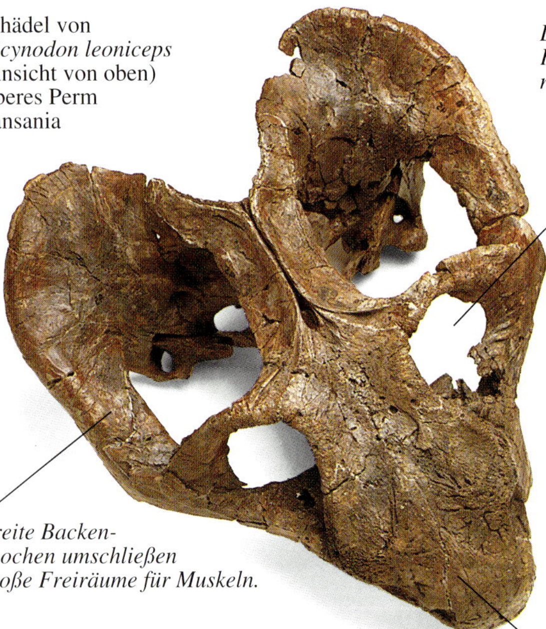

Schädel von *Dicynodon leoniceps* (Ansicht von oben) Oberes Perm Tansania

MUSKELN AM KOPF
Dyconodon war im oberen Perm sehr verbreitet. Von oben sieht sein 38 cm langer Schädel breit aus, vor allem die großen Backenknochen fallen auf. Die großen Freiräume in den Backenknochen waren mit Muskeln gefüllt, die die Schneidekiefer bewegten. Der schmale Schädel dazwischen endet in einem Kamm und vergrößert so den Muskelansatz. Die Dicynodontier waren die ersten großen Pflanzenfresser, sie bevölkerten die Erde 40 Mio. Jahre lang.

Schädel von *Moschops* Oberes Perm Südafrika

DICKSCHÄDEL
Moschops war mit 5 m Länge eines der größten Säugerähnlichen Reptilien. Er wird der urtümlichen Gruppe der *Dinocephalia* zugerechnet, die aus dem oberen Perm Russlands und Südafrikas bekannt ist. Mit längeren Vorder- als Hinterbeinen bewegte sich das schwergewichtige Tier breitbeinig vorwärts. Das Schädeldach bildeten 10 cm dicke Knochen. Vielleicht dienten die Schädel bei Kämpfen unter Artgenossen als Rammböcke.

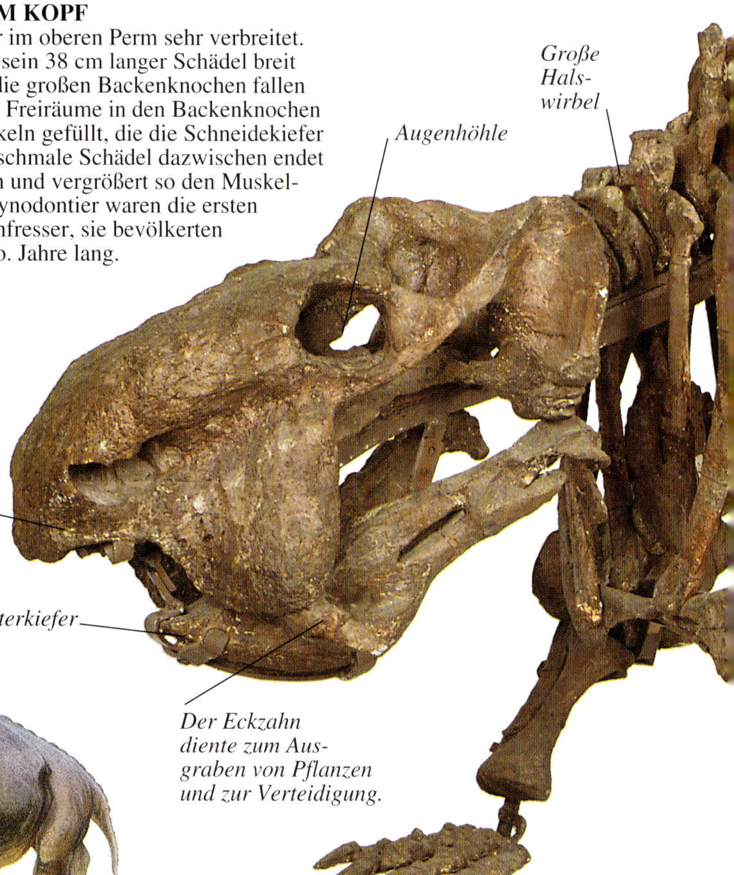

Rekonstruktion des urtümlichen säugerähnlichen Reptils *Moschops*

Schädel von *Cynognathus crateronotus*
Untere Trias
Südafrika (Karroo-Becken)

SÄUGERSCHNAUZE
Der bis zu 40 cm lange Schädel des räuberischen *Cynognathus* besitzt Merkmale, die die Cynodontier als Vorfahren der Säuger ausweisen. Säugerähnliche Reptilien haben verschiedenartige Zähne: kleine Schneidezähne, große Eckzähne und breite Backenzähne. Im Gegensatz zu Reptilien haben Säuger nur zwei Zahngenerationen. Vielleicht hatten die Cynodontier der unteren Trias einen Zahnwechsel wie die Säuger.

KNOCHEN ZUM KAUEN UND HÖREN
Veränderungen bei Zähnen, Kiefern und Ohren kennzeichnen die Entwicklung von Reptilien zu Säugern. Nur Säuger haben ein sekundäres Kiefergelenk, das ganz genaues Zubeißen ermöglicht. Bei der Bildung dieses Gelenks erhielten einige ehemalige Kiefergelenkknochen der Reptilien eine neue Funktion: Aus dem Articulare wurde der Hammer, aus dem Quadratum der Amboss. Zusammen mit dem Steigbügel bilden sie die Gehörknöchelchen der Säuger.

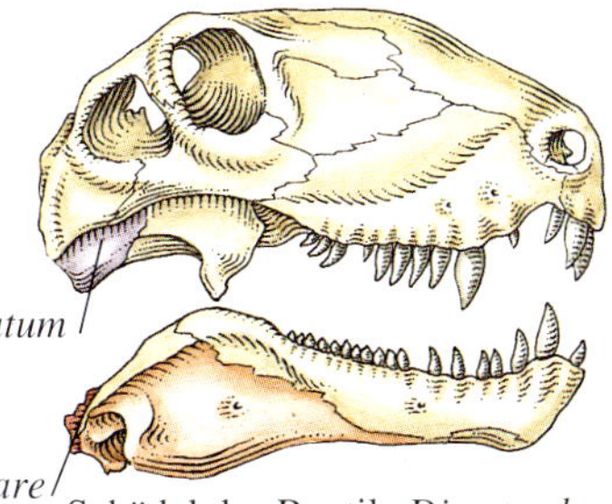

Schädel des Reptils *Dimetrodon*

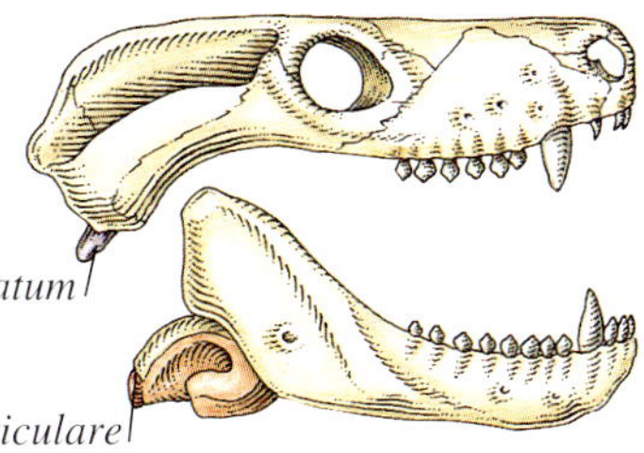

Schädel des säugerähnlichen Reptils *Thrinaxodon*

SÄUGER-ÄHNLICH
Die Cynodontier hatten zu Beginn der Trias viele Säugermerkmale erworben. Gruben im Oberkiefer des 50 cm langen *Thrinaxodon* deuten auf Spürhaare hin. Das Gaumendach ermöglichte im Gegensatz zu Reptilien gleichzeitiges Fressen und Atmen. Die Gliedmaßen rückten unter den Rumpf, sodass die Tiere schneller laufen konnten.

Rekonstruktion von *Thrinaxodon*, einem Cynodonten aus der unteren Trias Südafrikas

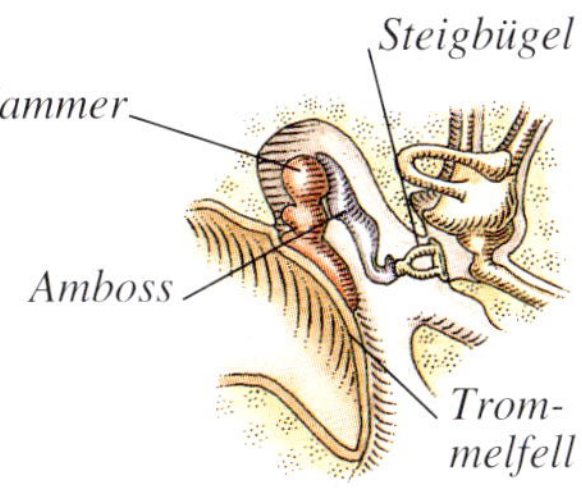

Säugerohr

TROCKENES BECKEN
Viele Fossilien Säugerähnlicher Reptilien stammen aus dem südafrikanischen Karroo-Becken. Das Gestein dort besteht aus oftmals blutrotem Sandstein, von dem sich die weißen Knochenfossilien abheben. Dieser Teil der Erde war heiß und oft trocken. Das Gestein wurde zwischen dem Ende des Perm und dem Beginn des Jura abgelagert.

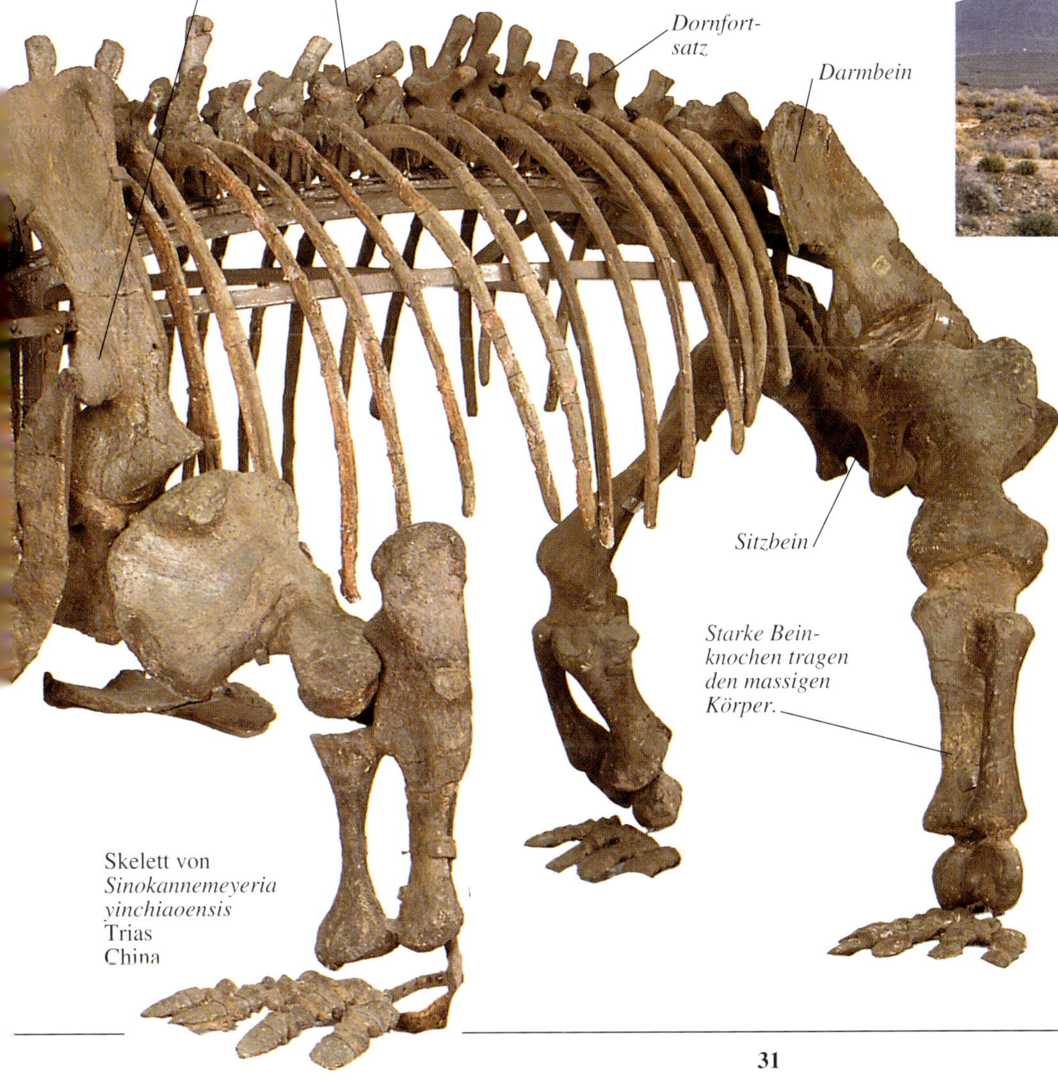

Skelett von *Sinokannemeyeria yinchiaoensis*
Trias
China

SCHWERGEWICHT
Sinokannemeyeria war ein etwa schweinegroßer Dicynodontier aus der unteren Trias Chinas. Die lange Schnauze war von einem scharfen Hornschnabel umhüllt und trug vielleicht ein empfindliches Riechorgan. Hinter den Augen befand sich ein niedriger Kamm als Muskelansatz. Dicynodonten waren träge Tiere. Die gespreizten Vordergliedmaßen und die starken Ellbogen waren mit kräftigen Muskeln überzogen, die das Tier trugen. Die Hinterbeine drehten sich nach innen, wenn sie das Tier mit großen Schritten vorwärts schoben.

Die Dinosaurierzeit

Gewaltige Räuber, Rudeljäger, große und kleine Pflanzenfresser – die Dinosaurier prägen ganz wesentlich unser Bild vom Leben in der Urzeit. Kino, Fernsehen, Bücher, sogar Lebensmittelverpackungen und natürlich Spielzeughersteller nutzen ihre Beliebtheit. Man unterteilt diese Tiere in zwei Gruppen: die *Saurischia* (Echsenbeckensaurier) und die *Ornithischia* (Vogelbeckensaurier). Aus den 160 Millionen Jahren, in denen sie die Erde beherrschten, geben Fossilien Aufschluss über ihre Lebensweise. Viele Fragen sind allerdings immer noch offen. Dinosaurier erschienen vor 228 Millionen Jahren und beherrschten bald das Leben auf dem Festland. Aber trotz ihrer Anpassung an viele Lebensräume starben sie vor 65 Millionen Jahren wieder aus.

Schädel von *Eoraptor*
Vor 228 Mio. Jahren
Argentinien

URAHN
Eoraptor gilt heute als der älteste Dinosaurier. Er wurde 1992 in Argentinien entdeckt. Dieser kleine, 228 Mio. Jahre alte Dinosaurier war ein beachtlicher Räuber – der erste in einer Reihe furchtbarer Raubsaurier.

PROBLEMFALL
Der ebenfalls argentinische *Herrerasaurus* wurde als Therosaurier beschrieben (zweibeinige, räuberische Echsenbeckensaurier). Einige Wissenschaftler glauben, dass er keiner der beiden Sauriergruppen zugeordnet werden kann.

Rekonstruktion des 3 m langen *Herrerasaurus*
Vor 228 Mio. Jahren
Argentinien

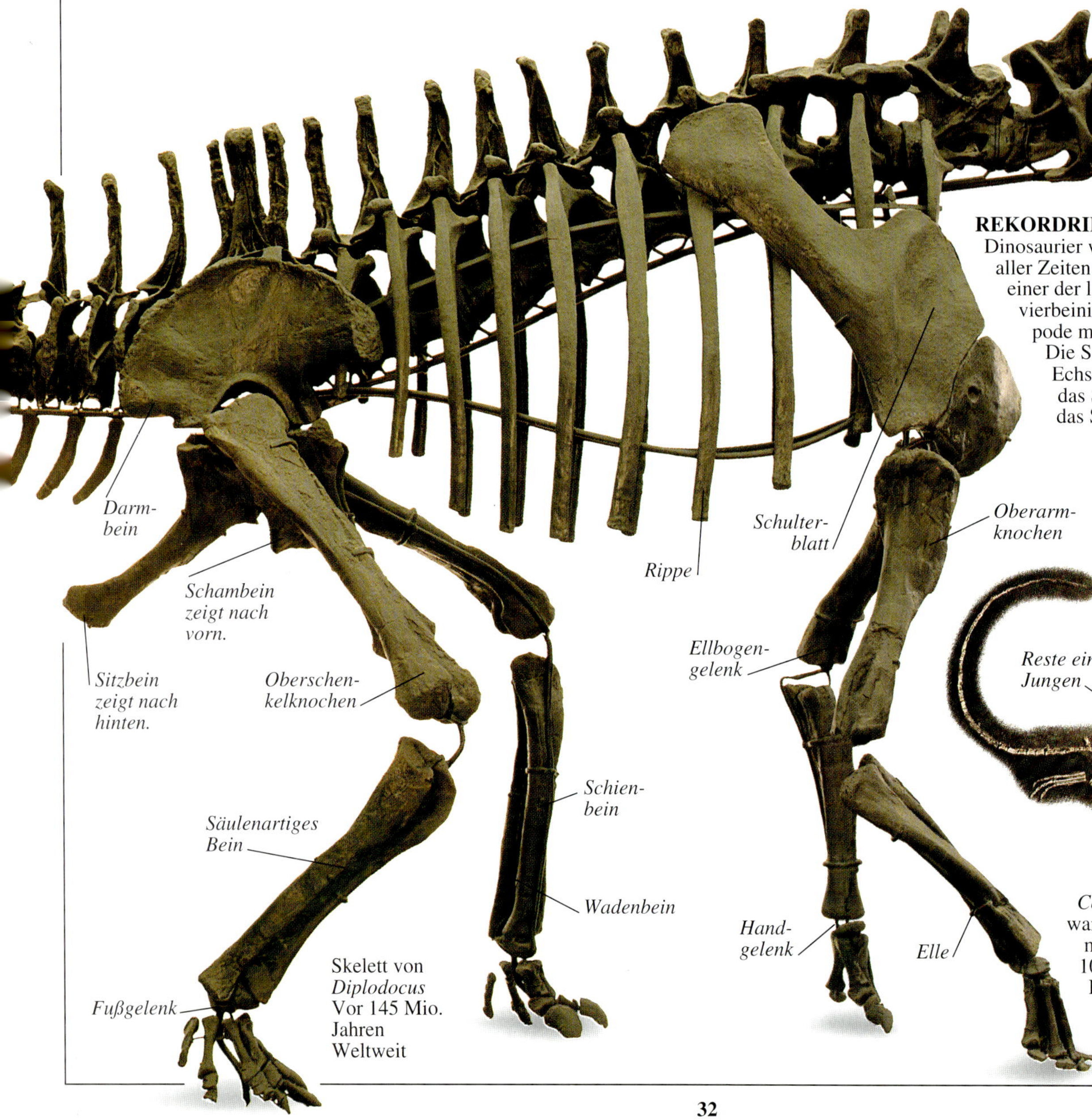

Skelett von *Diplodocus*
Vor 145 Mio. Jahren
Weltweit

REKORDRIESE
Dinosaurier waren die größten Landtiere aller Zeiten. Mit 27 m war *Diplodocus* einer der längsten. Er war ein riesiger vierbeiniger, Pflanzen fressender Sauropode mit langem Hals und Schwanz. Die Sauropoden gehören zu den Echsenbeckensauriern, bei denen das Schambein nach vorn und das Sitzbein nach hinten zeigt.

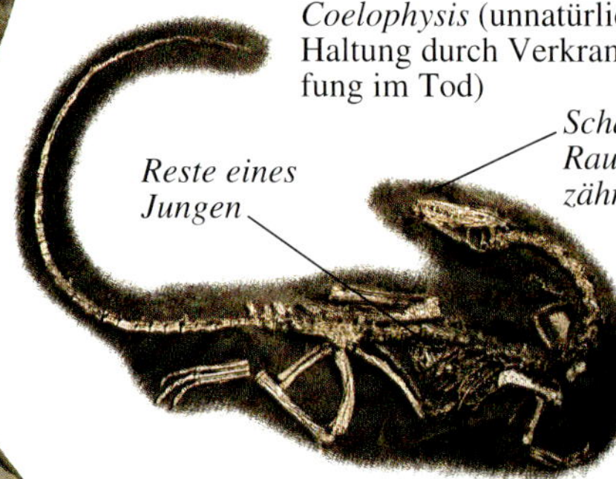

Skelett des 3 m langen *Coelophysis* (unnatürliche Haltung durch Verkrampfung im Tod)

KANNIBALE
Coelophysis aus der oberen Trias war ein schlanker Räuber. In Neumexiko/USA fand man mehr als 100 Skelette einer verunglückten Herde. Knochen von Jungtieren in der Leibeshöhle Erwachsener deuten auf Kannibalismus hin.

VERWANDTER

Ornithosuchus aus der oberen Trias Schottlands war kein Dinosaurier. Er gehört zu den *Thecodontia*, die mit den Schildkröten, Krokodilen, Dinosauriern und Flugsauriern als Archosaurier zusammengefasst werden. Aus dieser Gruppe entstanden auch die Vögel. *Ornithosuchus* lebte räuberisch. Im schnellen Lauf erhob er sich auf die Hinterbeine.

Rekonstruktion des 4 m langen *Ornithosuchus*
Obere Trias
Schottland

Rekonstruktion von *Diplodocus*

ZEIT DER RIESEN

Diplodocus lebte vor ungefähr 145 Mio. Jahren, gegen Ende des Jura. Für den Jura sind große Pflanzen fressende Sauropoden charakteristisch. Ihre Fossilien hat man weltweit gefunden.

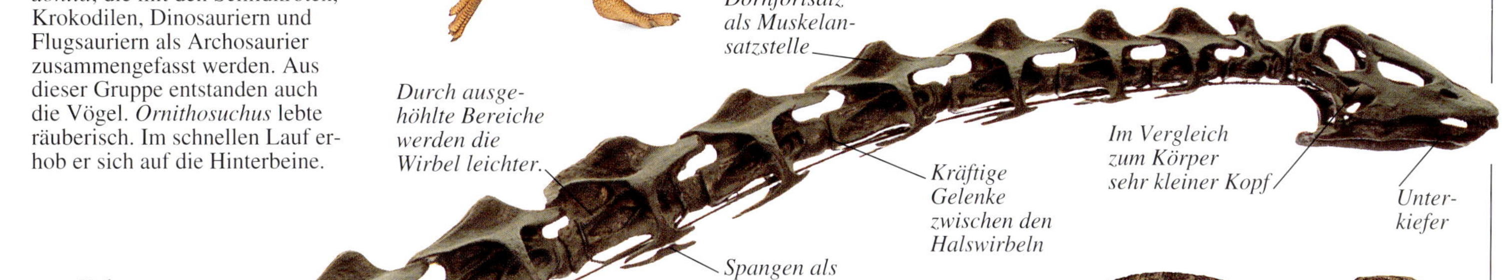

Rekonstruktion des 9 m langen *Iguanodon*
Vor 140–110 Mio. Jahren
Europa und USA

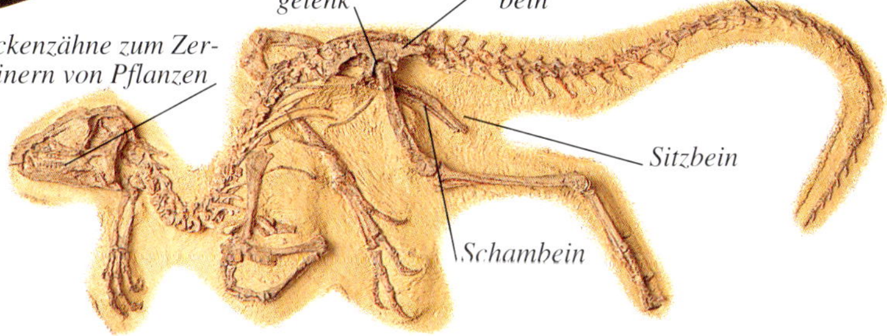

Fossiles Skelett des 1,2 m langen *Heterodontosaurus*
Vor 205 Mio. Jahren
Südafrika

ZÄHNE ZEIGEN

Heterodontosaurus war einer der kleinsten und ältesten Ornithischier. Er lebte vor etwa 205 Mio. Jahren. Im Gegensatz zu anderen Dinosauriern hatte er drei Zahntypen: Backenzähne zum Zermahlen der Nahrung, Schneidezähne und Eckzähne.

VOGELBECKEN

Bei den Vogelbeckensauriern (*Ornithischia*) zeigen Scham- und Sitzbein nach hinten unten. Manchmal zeigt noch ein Schambeinfortsatz nach vorn. Alle waren Pflanzenfresser mit Schnabel. *Iguanodon* gehört zu den bekanntesten und besterforschten. Es konnte auf zwei Beinen laufen, sein Gewicht aber auch auf alle viere verteilen.

Skelett des 6 m langen *Gallimimus*
Vor 73 Mio. Jahren
Mongolei

FLINKER FLITZER

Gallimimus gehört zu den Vogelähnlichen Sauriern (*Ornithomimosauria*). Er hatte einen breiten Schnabel, die Kiefer waren zahnlos. Mit 50 km/h war er einer der schnellsten Dinosaurier. Wie ein Vogel lief *Gallimimus* auf den Zehen; die Mittelfußknochen verlängerten den Lauf. Den Schwanz benutzte er als Ausgleichsgewicht beim Sprint. Die Wirbel der hinteren Schwanzhälfte sind steif verbunden. Mit einer Schwanzbewegung konnte *Gallimimus* Richtungsänderungen ausbalancieren. Mit den Vorderbeinen hat er vielleicht Dinosauriereier ausgegraben oder Insekten und andere Tiere gepackt.

FUND IN DER WÜSTE

Fast alle Ornithomimosaurier wurden im westlichen Nordamerika und im östlichen Asien gefunden. Sie stammen aus der Kreidezeit. *Gallimimus* wurde in den späten 60er-Jahren in der Wüste Gobi entdeckt, aus der einige spektakuläre Saurierfunde stammen.

Saurischier

Die Dinosaurier sind längst ausgestorben. Knochen, Zähne, Eischalen, Fuß- und Hautabdrücke sind alles, was sie hinterlassen haben. Wissenschaftler versuchen anhand dieser Merkmale Verwandtschaftsgruppen zu bilden. So können sich die Zahl der Zehenknochen oder die Anordnung der Schädelknochen unterscheiden. Spezielle Merkmale, die sonst bei keiner Gruppe auftreten, können eine Familie charakterisieren. Die Ordnung der Saurischier (Echsenbeckensaurier) teilt man in zwei Unterordnungen ein: die Fleisch fressenden Theropoden (wie *Allosaurus*) und die Pflanzen fressenden Sauropoden (wie *Camarasaurus*).

Rekonstruktion von *Allosaurus*, einem großen zweibeinigen Räuber aus dem Westen der USA, Australien und Tansania (vor 156–145 Mio. Jahren)

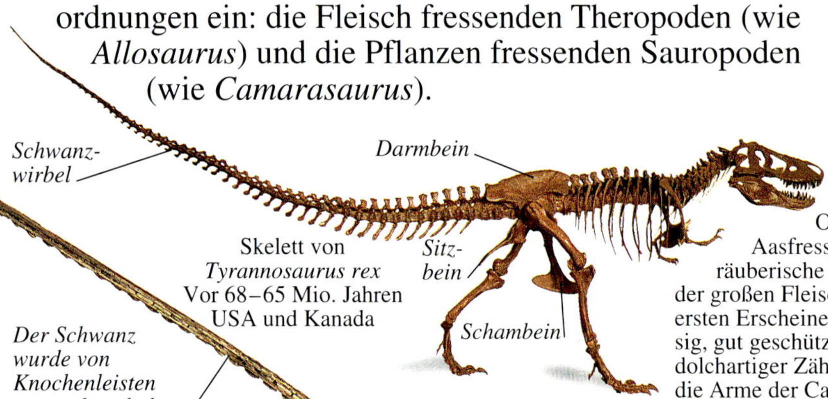

Skelett von *Tyrannosaurus rex*
Vor 68–65 Mio. Jahren
USA und Kanada

REKORDRÄUBER
Ob er seine Beute selbst gejagt hat oder sich als Aasfresser ernährte – *Tyrannosaurus rex* war das größte räuberische Landtier überhaupt. Die Carnosaurier (Gruppe der großen Fleisch fressenden Theropoden) wurden seit ihrem ersten Erscheinen im Jura immer größer. Ihre Köpfe waren riesig, gut geschützt gegen Stöße und hatten Kiefer mit Reihen dolchartiger Zähne. Während sich alles vergrößerte, blieben die Arme der Carnosaurier ungewöhnlich klein, auch bei *T. rex.*

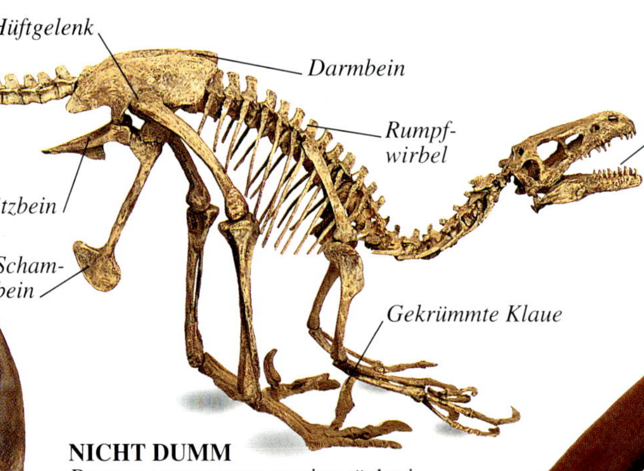

Skelett von *Dromaeosaurus*
Vor 85–70 Mio. Jahren
USA und Kanada

NICHT DUMM
Dromaeosaurus war an eine räuberische Lebensweise angepasst. Scharfe Zähne zerfleischten die Beute, die er mit langen Fingern festhielt. Am Fuß trug er sichelförmige Krallen. Ein steifer Schwanz balancierte Bewegungsänderungen aus. Sein Schädel deutet auf ein großes Gehirn hin.

Schädel von *Camarasaurus*
Vor 155–150 Mio. Jahren
USA, Portugal

ESSLÖFFEL
Mit 18 m Länge war *Camarasaurus* nicht der größte Sauropode, dennoch musste er einen gewaltigen Körper ernähren. Die großen Kiefer trugen scharfkantige löffelartige Zähne. *Camarasaurus* muss fast den ganzen Tag Blätter und Zweige abgerissen und in seinem Maul, das größer war als das der meisten Sauropoden, zerkaut haben. Sein Schädel hatte eine kurze Schnauze und zwei große Nasenlöcher vor den kleinen Augen.

KAUMAGEN
Die riesigen Sauropoden hatten einen Riesenappetit, aber ihre Köpfe waren zu klein für sorgfältiges Kauen. Auch ihre Zähne waren nicht zum Zermahlen von Pflanzen geeignet. Sie waren zinkenförmig, um Blätter aus den Zweigen zu harken, oder meißelförmig, um Blätter abzuschneiden. Der Nahrungsaufschluss erfolgte im muskulösen Magen mithilfe von Magensteinen und Bakterien.

VORLÄUFER

Bevor die Sauropoden erschienen, hinterließ eine frühere Gruppe kleinerer Echsenbeckensaurier in der oberen Trias vor 220 Mio. Jahren ihre Spuren. Die Prosauropoden erreichten nur etwa 10 m Länge, viele hatten kleine Köpfe an langen Hälsen. *Plateosaurus* konnte sich auf die Hinterbeine stellen, lief aber normalerweise auf allen vieren. Alle Füße hatten fünf Zehen. Die Zähne erinnern an die Pflanzenfresserzähne heutiger Eidechsen.

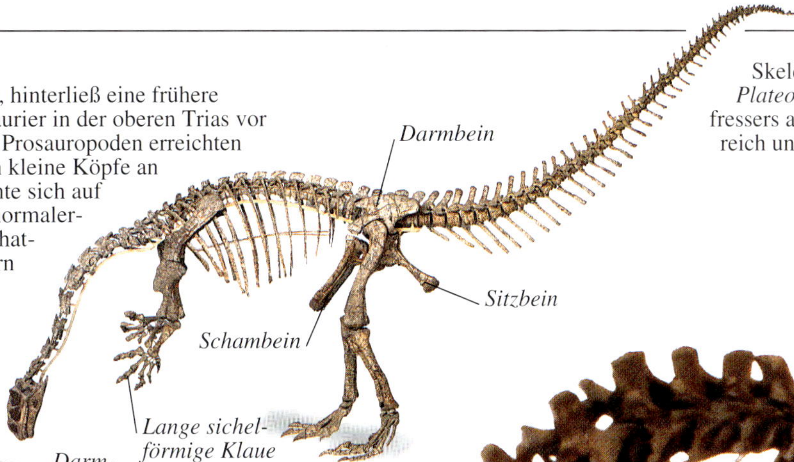

Skelett des 6 bis 8 m langen *Plateosaurus*, eines Pflanzenfressers aus Deutschland, Frankreich und der Schweiz (vor 220 Mio. Jahren)

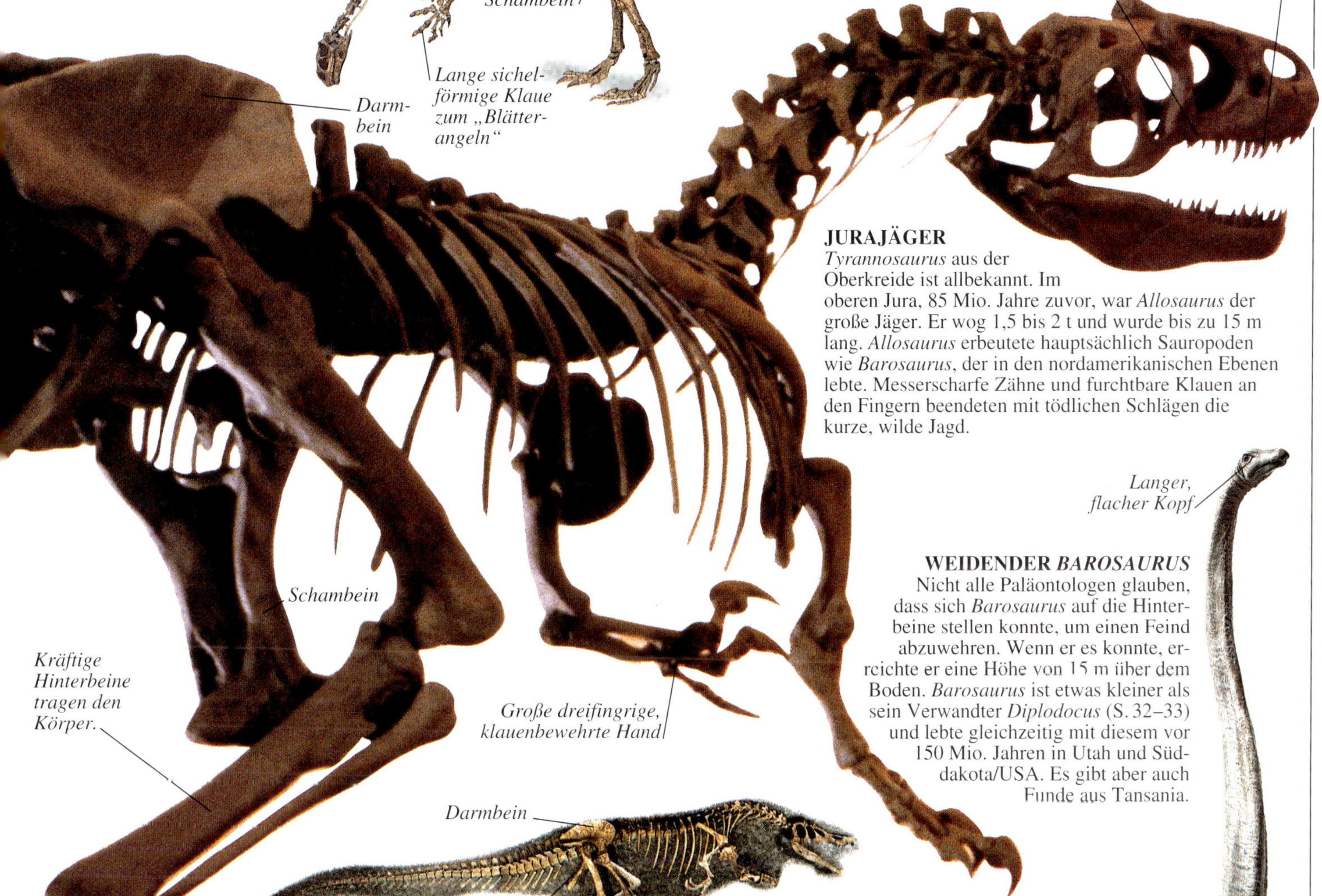

Skelett eines laufenden *Allosaurus*

JURAJÄGER

Tyrannosaurus aus der Oberkreide ist allbekannt. Im oberen Jura, 85 Mio. Jahre zuvor, war *Allosaurus* der große Jäger. Er wog 1,5 bis 2 t und wurde bis zu 15 m lang. *Allosaurus* erbeutete hauptsächlich Sauropoden wie *Barosaurus*, der in den nordamerikanischen Ebenen lebte. Messerscharfe Zähne und furchtbare Klauen an den Fingern beendeten mit tödlichen Schlägen die kurze, wilde Jagd.

WEIDENDER *BAROSAURUS*

Nicht alle Paläontologen glauben, dass sich *Barosaurus* auf die Hinterbeine stellen konnte, um einen Feind abzuwehren. Wenn er es konnte, erreichte er eine Höhe von 15 m über dem Boden. *Barosaurus* ist etwas kleiner als sein Verwandter *Diplodocus* (S. 32–33) und lebte gleichzeitig mit diesem vor 150 Mio. Jahren in Utah und Süddakota/USA. Es gibt aber auch Funde aus Tansania.

Rekonstruktion des 23 bis 27 m langen *Barosaurus*
Vor 150 Mio. Jahren
USA und Tansania

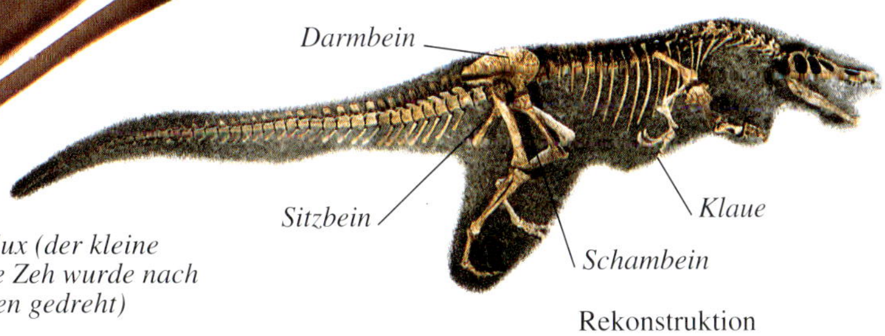

Rekonstruktion des Skeletts von *Baryonyx*
Vor 124 Mio. Jahren
England

EINZIGARTIG

Baryonyx (Länge: 10 m) ist aus zweierlei Gründen berühmt: Er ist das einzige bekannte Exemplar seiner Art und der am vollständigsten erhaltene Carnosaurier der Unterkreide. Er wurde in einer Lehmgrube in Südengland gefunden, wo er vor 124 Mio. Jahren als Räuber lebte. Eine 31 cm lange Klaue war der erste Fund von *Baryonyx*. Wahrscheinlich trug er an jeder Hand eine solche Waffe.

Bill Walker mit der Klaue von *Baryonyx*, die er 1983 fand

Ornithischier

Ornithischier (Vogelbeckensaurier) hatten viele gemeinsame Merkmale. Ob groß oder klein – alle waren Pflanzenfresser und ernährten sich von Blättern, Früchten, Samen und sogar Koniferennadeln. Ihre Zähne waren zum Zerschneiden und Zermahlen der Nahrung gebaut, allerdings besaßen sie keine Schneidezähne, sondern einen scharfkantigen Schnabel. Alle Ornithischier hatten als einzige Reptilien einen „Kinnknochen" (das Prädentale) vorn am Unterkiefer. Viele Vogelbeckensaurier, so auch die Hadrosaurier, waren Zweibeiner; sie liefen nur auf den Hinterbeinen. Die Dornfortsätze der Wirbelsäule waren durch ein knöchernes Gitterwerk miteinander verbunden.

Rekonstruktion des 2,4 m langen *Stegoceras*, dessen Fossilien in Alberta und Montana in Nordamerika gefunden wurden (Alter: 87–67 Mio. Jahre)

DICKKOPFECHSEN
Stegoceras wurde 1902 entdeckt. Mit leichtem Körper und schwerem Kopf gehört er zu den Pflanzen fressenden Dickkopfechsen, den Pachycephalosauriern. Das älteste Tier dieser Gruppe stammt aus der Unterkreide, die meisten Vertreter lebten in der Oberkreide und wurden in Nordamerika gefunden. Die Dickkopfechsen waren Zweibeiner. Mit fast waagerechtem Körper liefen sie nur auf den kräftigen Hinterbeinen.

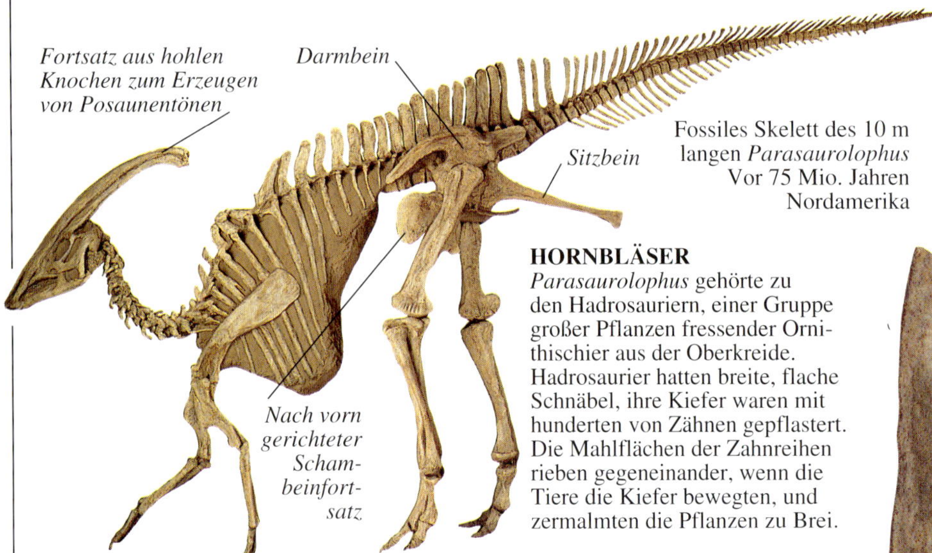

Fossiles Skelett des 10 m langen *Parasaurolophus*
Vor 75 Mio. Jahren
Nordamerika

HORNBLÄSER
Parasaurolophus gehörte zu den Hadrosauriern, einer Gruppe großer Pflanzen fressender Ornithischier aus der Oberkreide. Hadrosaurier hatten breite, flache Schnäbel, ihre Kiefer waren mit hunderten von Zähnen gepflastert. Die Mahlflächen der Zahnreihen rieben gegeneinander, wenn die Tiere die Kiefer bewegten, und zermalmten die Pflanzen zu Brei.

Skelettausschnitt des 7 m langen *Tuojiangosaurus*
Vor 156 Mio. Jahren
China

Rekonstruktion des schnellen, 2,3 m langen *Hypsilophodon*
Vor 120 Mio. Jahren
Europa und USA

SPRINTER

Hypsilophodon war einer der kleinsten Pflanzen fressenden Ornithischier. Es gehört zu den Vogelfußsauriern, die sich über Landbrücken nach Australien, Europa, Nordamerika und China ausbreiteten. Früher hielt man die Beine für Kletterbeine, aber *Hypsilophodon* war ein schneller Läufer und benutzte sie zur Flucht vor Feinden.

HORNSAURIER

Die Hornsaurier (Ceratopier) hatten die größten Köpfe unter den Dinosauriern. Hörner auf der Schnauze und über den Augen und ein großer, mit Knochenhöckern besetzter Nackenschild schreckten Feinde ab. Die Ceratopier besaßen zudem einen besonderen Knochen an der Spitze des Papageienschnabels. Mit dem Schnabel rissen sie Pflanzen ab, die sie mit kräftigen bezahnten Kiefern zerkleinerten. Die Horndinosaurier lebten am Ende der Kreidezeit.

Schädel und Unterkiefer von *Triceratops*
Vor 67–65 Mio. Jahren
Nordamerika

PANZERDINOSAURIER

Euoplocephalus, ein Pflanzenfresser, schleppte sich schwerfällig auf allen vieren dahin. Wie alle Ancylosaurier hatte er zum Schutz viele Knochenplatten und kurze Dornen am Rücken und verteidigte sich mit einer Knochenkeule am Schwanzende. Die Ancylosaurier erschienen vor etwa 188 Mio. Jahren und gehörten zu den letzten Sauriern.

Rekonstruktion des gut geschützten, 7 m langen *Euoplocephalus*
Vor 70 Mio. Jahren
Nordamerika

STACHELDINOSAURIER

Knochenplatten am Rücken kennzeichnen die Stegosaurier. Zwei Plattenreihen ziehen sich vom Nacken bis zum Schwanz, der mit scharfen Knochendornen endet. Der letzte Stegosaurier stammt aus der Oberkreide Indiens (vor etwa 88 Mio. Jahren), die meisten Fossilien kommen aber aus dem oberen Jura (vor 157–145 Mio. Jahren). Der vierbeinige Pflanzenfresser *Tuojiangosaurus* aus China hatte große, schmale, dornartige Rückenplatten.

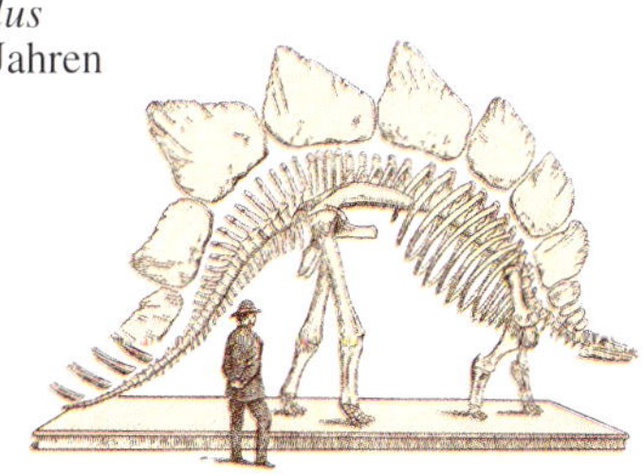

BERÜHMTER AMERIKANER

Der *Stegosaurus*, gefunden in Wyoming, Colorado und Utah, ist vielleicht der berühmteste Stacheldinosaurier. Auf dem Rücken des 9 m langen, bis 2 t schweren Tiers standen zwei Reihen von bis zu 60 cm hohen Knochenplatten. Die Nahrung des 150 Mio. Jahre alten Pflanzenfressers bestand aus niedrigen Pflanzen, die er mit kleinen, gesägten Zähnen zerkaute.

Meeresechsen

KOMMERZIELLE SAMMLUNG
Mary Anning (1799–1847) sammelte bei Lyme Regis an der englischen Südküste Fossilien. Die Klippen dort sind reich an Fossilien aus dem Jura. Zwischen 1810 und 1812 gruben Mary und ihr Bruder einen Ichthyosaurier aus (den man für ein Krokodil hielt) und verkauften ihn. Die meisten ihrer Fossilien wurden im Laden von Marys Vater verkauft. Zu den Kunden gehörten viele Museen.

Nachdem sie über 80 Millionen Jahre auf dem Festland gelebt hatten, eroberten verschiedene Reptiliengruppen unabhängig voneinander wieder das Meer. Perfekt an den neuen Lebensraum angepasst beherrschten sie als Räuber die Meere des Erdmittelalters. Aber als Lungenatmer mussten sie immer wieder an die Oberfläche kommen, um die Atemgase auszutauschen. Allerdings waren ihre Atemtechnik und auch ihre Sinneswelt an den Lebensraum Meer angepasst. Aus den Laufbeinen wurden Flossen zum „Fliegen“ oder Rudern unter Wasser. Einige von diesen Reptilien, z.B. die Schildkröten, schleppten sich zur Eiablage an Land, denn im Wasser wären die Jungen im Ei ertrunken. Die Fischsaurier (Ichthyosaurier) waren ausschließlich an den Lebensraum Meer gebunden; sie brachten lebende Junge zur Welt.

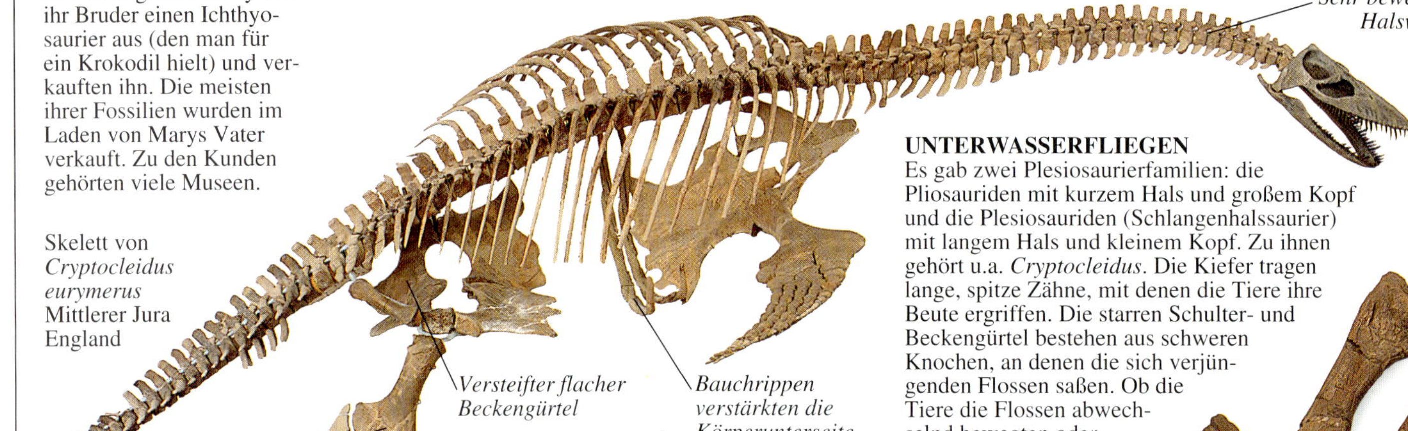

Skelett von *Cryptocleidus eurymerus* Mittlerer Jura England

Sehr bewegliche Halswirbelsäule

Versteifter flacher Beckengürtel

Bauchrippen verstärkten die Körperunterseite.

Der verbreiterte Oberschenkelknochen sitzt am Becken an.

Die große Flosse besteht aus fünf verlängerten Zehen.

UNTERWASSERFLIEGEN
Es gab zwei Plesiosaurierfamilien: die Pliosauriden mit kurzem Hals und großem Kopf und die Plesiosauriden (Schlangenhalssaurier) mit langem Hals und kleinem Kopf. Zu ihnen gehört u.a. *Cryptocleidus*. Die Kiefer tragen lange, spitze Zähne, mit denen die Tiere ihre Beute ergriffen. Die starren Schulter- und Beckengürtel bestehen aus schweren Knochen, an denen die sich verjüngenden Flossen saßen. Ob die Tiere die Flossen abwechselnd bewegten oder gleichzeitig wie Vogelflügel, ist noch ungeklärt.

ALLGEGENWÄRTIG
Zwar ist diese Szene sehr fantasievoll gestaltet, doch beherrschten die Reptilien im Erdmittelalter tatsächlich alle Lebensräume. Die großen Meeressaurier fraßen andere Echsen, kleinere Fische oder Tintenfische und andere Weichtiere. Nur Schildkröten und Krokodile haben das große Aussterben überlebt.

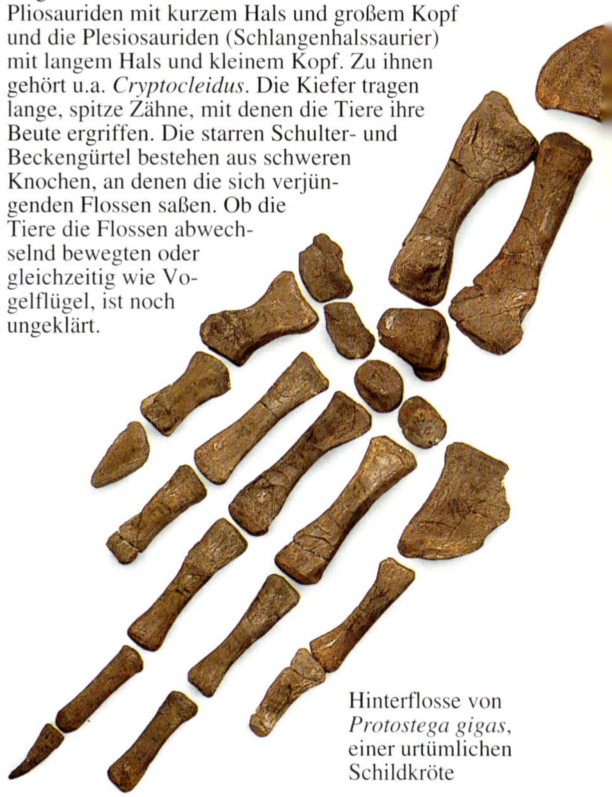

Hinterflosse von *Protostega gigas*, einer urtümlichen Schildkröte

Stenopterygius quadricissus
Unterer Jura
Deutschland

STROMLINIENFORM
Der erhaltene Abdruck der Haut zeigt die Umrisse von *Stenopterygius* und lässt die vollendete Anpassung der Fischsaurier an das Leben im Meer erkennen. Ihr stromlinienförmiger Körper wurde von der wie bei Haien senkrecht stehenden Schwanzflosse durchs Wasser getrieben, die Brustflossen dienten zum Lenken. Die lange, bezahnte Schnauze erinnert an einen Delphin. Vielleicht haben sich die Fischsaurier nicht nur wie Delphine von Fischen und Tintenfischen ernährt, sondern auch so elegante Luftsprünge gemacht.

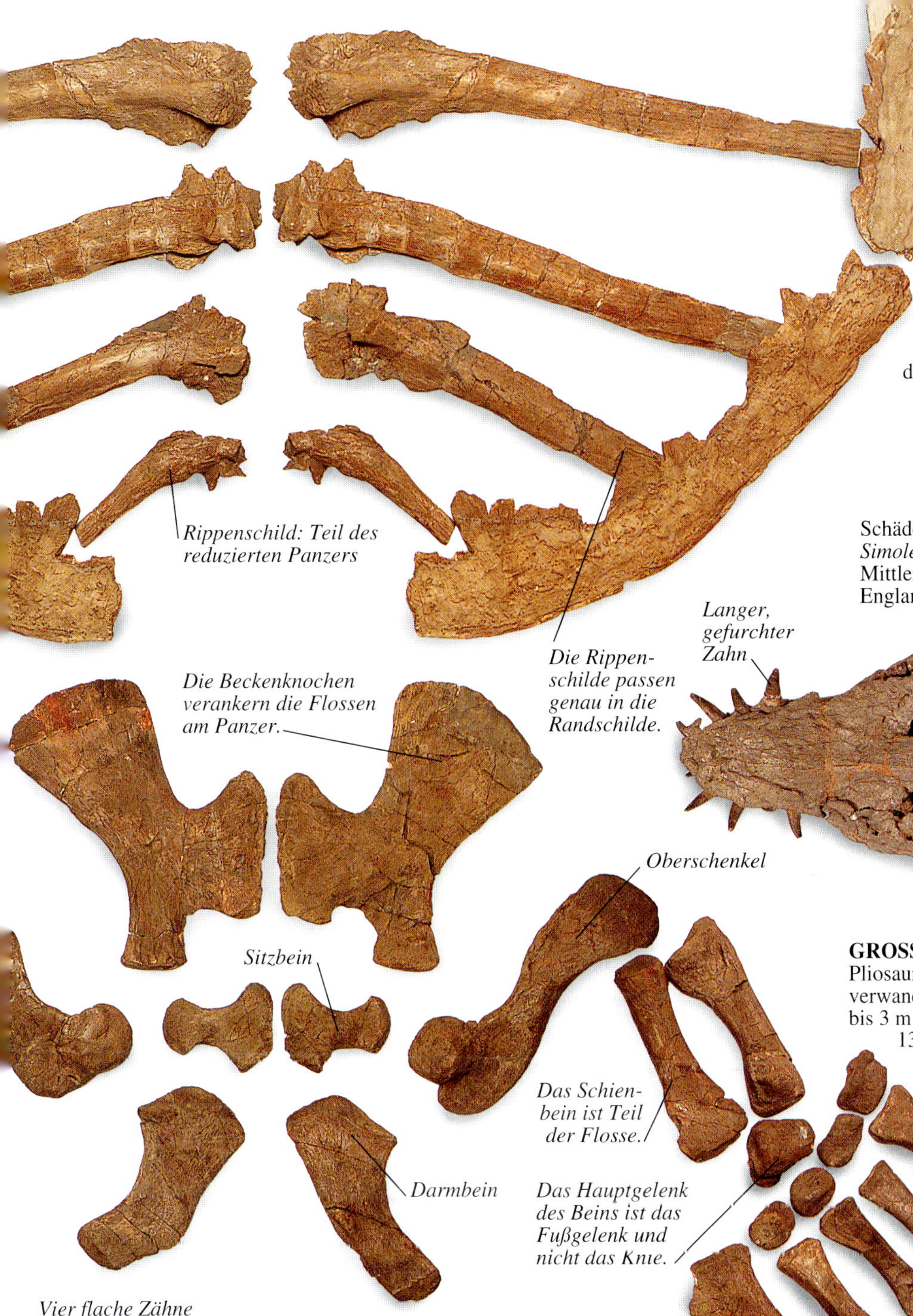
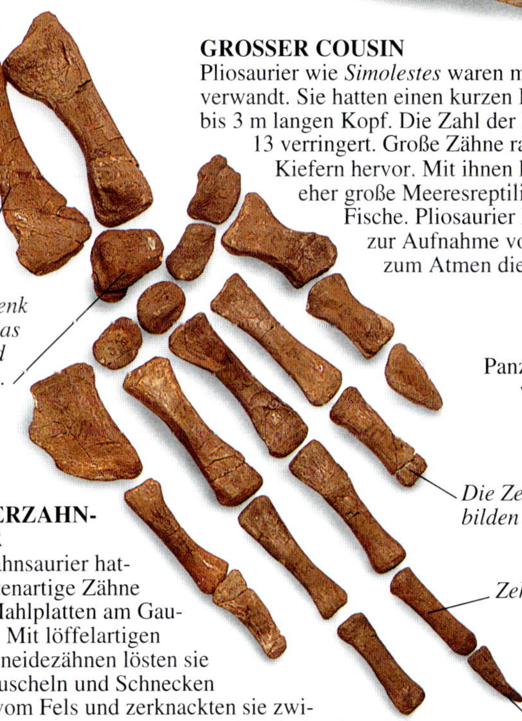

Panzer und Hinterflossen von *Protostega gigas* Oberkreide Kansas/USA

GEWICHTSVERLUST

Das Skelett von *Protostega* zeigt, wie diese Riesenschildkröten das Gewicht ihres Panzers verringert haben. Die meisten Schildkröten haben einen Panzer, der von den Rippenplatten und anderen Knochen gebildet wird. Diese Knochenkapsel wird von großen Hornschilden bedeckt. Der Panzer der 1,2 m langen *Protostega* ist auf einen Rahmen reduziert und damit wesentlich leichter. Mit großen paddelförmigen Hinterbeinen, deren Knochen denen der Landwirbeltiere entsprechen, ruderte *Protostega* durch das nordamerikanische Kreidemeer.

Schädel von *Simolestes vorax* Mittlerer Jura England

GROSSER COUSIN

Pliosaurier wie *Simolestes* waren mit den Plesiosauriern verwandt. Sie hatten einen kurzen Hals und einen großen, bis 3 m langen Kopf. Die Zahl der Halswirbel war bis auf 13 verringert. Große Zähne ragten aus den mächtigen Kiefern hervor. Mit ihnen konnten die Pliosaurier eher große Meeresreptilien erbeuten als kleine Fische. Pliosaurier hatten Nasenlöcher, die zur Aufnahme von Gerüchen und kaum zum Atmen dienten.

Ober- und Unterkiefer von *Placodus gigas* Trias, Deutschland

PFLASTERZAHN-SAURIER

Pflasterzahnsaurier hatten plattenartige Zähne und Mahlplatten am Gaumen. Mit löffelartigen Schneidezähnen lösten sie Muscheln und Schnecken vom Fels und zerknackten sie zwischen den Zahnplatten. Die Gliedmaßen waren weniger flossenförmig als bei anderen Meeresreptilien. Der 1,5 m lange *Placodus* lebte im Flachwasser.

GELENKIG

Die bis zu 10 m langen Mosasaurier (Maasechsen) hatten ein Gelenk im Unterkiefer, sodass sie ihr Maul weit aufreißen konnten. Sie waren große, in den flachen Küstengewässern der Oberkreide häufige Eidechsen. Mit den gebogenen, kegelförmigen Zähnen erbeuteten sie Fische, Reptilien und Schalentiere.

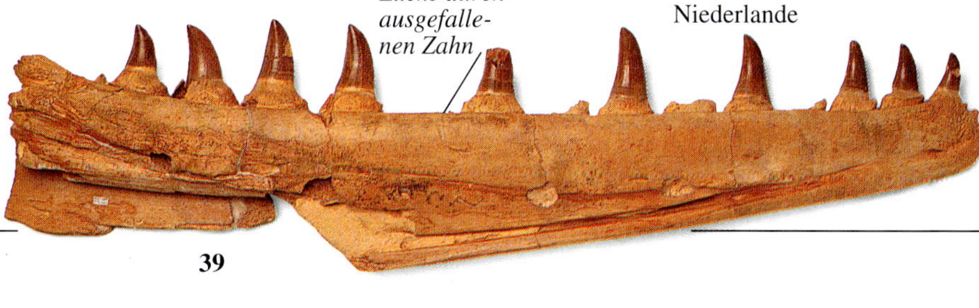

Unterkiefer von *Mosasaurus camperi* Oberkreide Niederlande

Flugsaurier

Die größten flugfähigen Tiere aller Zeiten waren die Flugsaurier (Pterosaurier), die in der Trias die Lüfte bevölkerten. Diese mit den Dinosauriern verwandten Archosaurier hatten eine am verlängerten vierten Finger ausgespannte Flughaut und eine kräftige Flugmuskulatur. Trotz des leichten Knochengerüsts aus hohlen Knochen wogen einige bis zu 100 kg. Man teilt die Pterosaurier in zwei Gruppen ein: Die langschwänzigen Schwanzflugsaurier (Rhamphorhynchoiden) hatten einen kurzen Kopf, sie starben am Ende des Jura aus. Vom oberen Jura bis zum Ende der Kreidezeit lebten die Stummelschwanz-Flugsaurier (Pterodactylen); sie hatten einen kurzen Schwanz und einen langen Kopf.

MEERESFRÜCHTE
Die meisten Flugsaurier (wie *Anhanguera*, Unterkreide, Brasilien) findet man in Gestein, das in Flachmeeren abgelagert wurde. Einige enthalten versteinerte Nahrungsreste. Mit seinen langen, bezahnten Kiefern ergriff *Anhanguera* im Flug über das Wasser seine schlüpfrige Beute. Leisten am Schnabel verringerten den Wasserwiderstand und stabilisierten den Schnabel, wenn er durchs Wasser gezogen wurde.

FLUGINGENIEUR
Wie sich *Quetzalcoatlus* mit einer Flügelspannweite von 12 m und einem Gewicht von 86 kg in die Luft erheben konnte, ist für Biophysiker immer noch ein Rätsel. Benannt nach einem gefiederten Aztekengott, ist *Quetzalcoatlus* der größte bekannte Flugsaurier; er ist viel größer als ein Wanderalbatros.

Rekonstruktion von *Quetzalcoatlus*
Vor 65 Mio. Jahren
Erster Fund: 1971 in Texas/USA

Bis zur Fingerspitze war der Flügel 6 m lang.

Flügelknochen von *Rhamphorhynchus*
Vor 160–144 Mio. Jahren
Deutschland

FLÜGELFASERN
Dieser ausgebreitete Flügel von *Rhamphorhynchus* zeigt, wie zart und doch stabil er gebaut ist. Der lange vierte Finger bildet die Flügelkante. Die Flughaut ist durch zähe Fasern verstärkt. Die von Haut und Fasern gebildete Tragfläche ist stabil genug, um Strömung und Flügelschlag standzuhalten.

ABGESTÜRZT
Der Plattenkalk von Solnhofen ist für seine Fossilien bekannt (S. 42–43). *Rhamphorhynchus*, ein häufiger Flugsaurier aus dem Jura mit einer Spannweite von bis zu 1,75 m, scheint so erhalten zu sein, wie er tot vom Himmel fiel. Vielleicht lenkte er beim Fliegen mit dem Steuerruder am Schwanzende. Die Flugmuskeln saßen wie bei den Vögeln am Brustbeinkamm. Die Rippen waren mit dem Brustbein verwachsen und bildeten einen stabilen Brustkorb. Die Schulterknochen (Schulterblatt und Rabenschnabelbein) verankerten die Flügel am Rumpf.

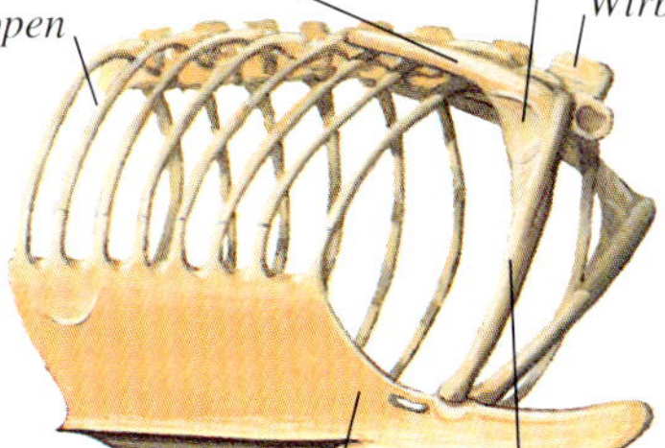

Brustkasten von *Rhamphorhynchus*

ALTER FLIEGER

Dimorphodon, einer der ältesten Flugsaurier aus dem Jura, unterscheidet sich von späteren Pterodactylen. Er hatte kurze Flügel, lange Hinterbeine und einen langen Schwanz, sodass er auch gut laufen konnte. Sein Kopf war kurz und breit, der Schädel bestand aus dünnen Knochen. Zwei Zahntypen, vorn sehr große und hinten winzige Zähne, gaben *Dimorphodon* den Namen.

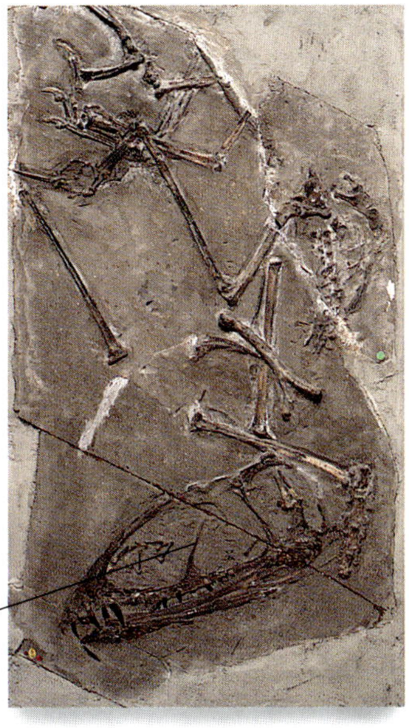

Fossiles Skelett von *Dimorphodon macronyx* Jura, Dorset/England

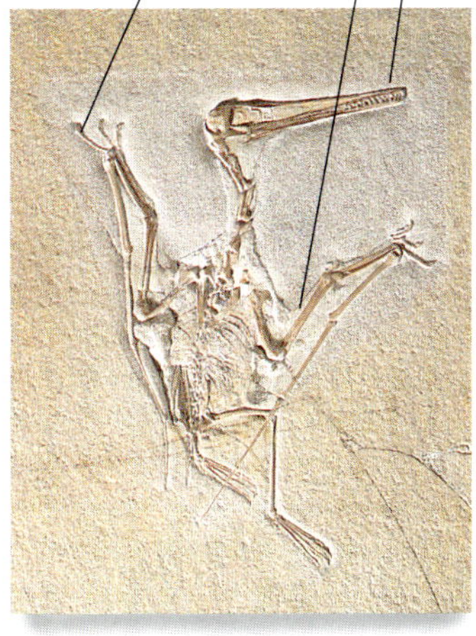

Pterodactylus kochi Solnhofener Plattenkalk, Deutschland

FLUGFINGER

Pterodactylus („Flugfinger") wurde 1784 als erster Flugsaurier beschrieben. Der vierte Finger (Ringfinger) ist verlängert und bildet die knöcherne Stütze des häutigen Flügels. Drei kurze Finger mit Klauen dienen zum Festhaken. Ein dünner Knochen am Handgelenk straffte die Flughaut, die sich von der Schulter zur Hand erstreckte. Bei *Pterodactylus* war die Voraugenhöhle mit dem Nasenloch verschmolzen, bei den Schwanzflugsauriern waren die Öffnungen noch getrennt.

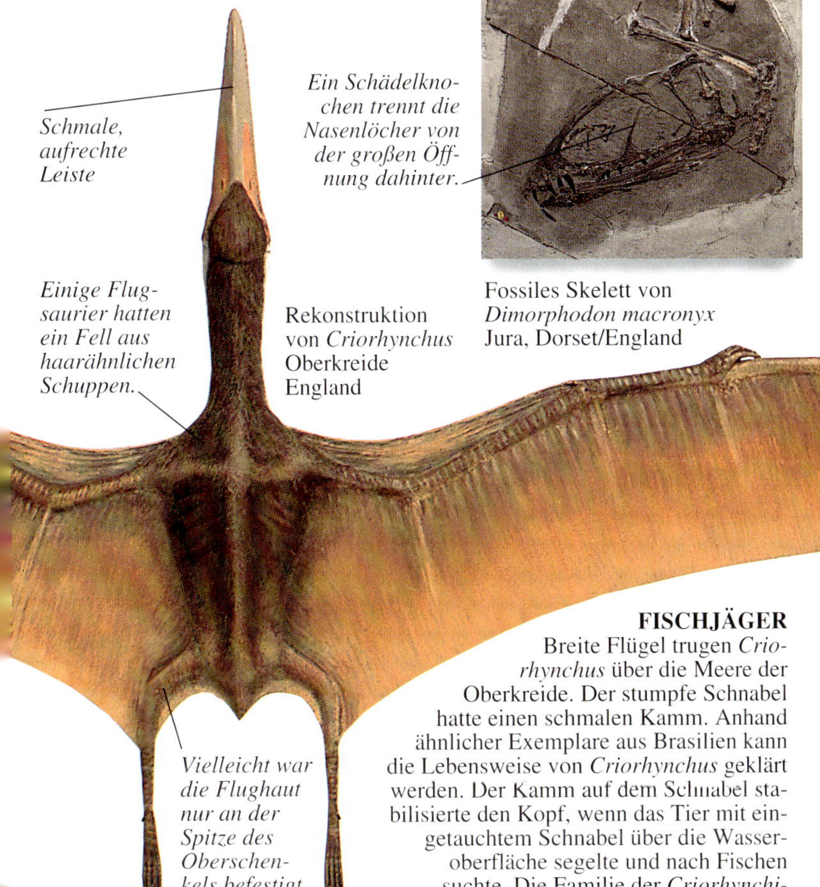

Rekonstruktion von *Criorhynchus* Oberkreide England

FISCHJÄGER

Breite Flügel trugen *Criorhynchus* über die Meere der Oberkreide. Der stumpfe Schnabel hatte einen schmalen Kamm. Anhand ähnlicher Exemplare aus Brasilien kann die Lebensweise von *Criorhynchus* geklärt werden. Der Kamm auf dem Schnabel stabilisierte den Kopf, wenn das Tier mit eingetauchtem Schnabel über die Wasseroberfläche segelte und nach Fischen suchte. Die Familie der *Criorhynchidae* existierte 50 Mio. Jahre, bis sie vor 90 Mio. Jahren ausstarb.

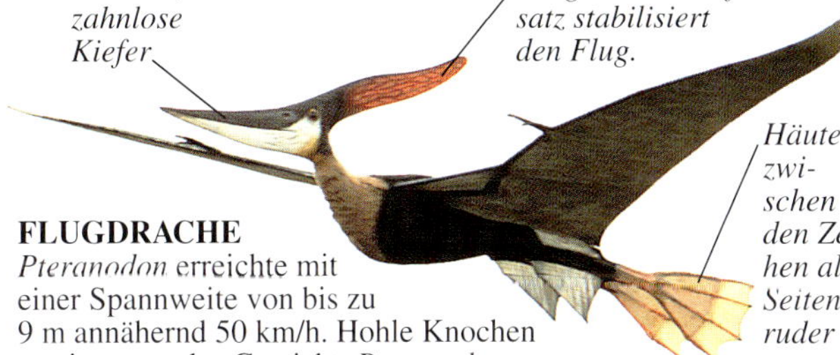

Rekonstruktion von *Pteranodon*, einem der größten flugfähigen Tiere (vor 115–70 Mio. Jahren), Nordamerika

FLUGDRACHE

Pteranodon erreichte mit einer Spannweite von bis zu 9 m annähernd 50 km/h. Hohle Knochen verringerten das Gewicht. *Pteranodon*-Fossilien wurden in der Oberkreide von Kansas/USA gefunden. Das Gestein wurde in Flachmeeren abgelagert.

LEICHTBAUWEISE

Quetzalcoatlus, das größte Flugtier aller Zeiten, löste alle Probleme von Größe und Gewicht. Die kräftige Flugmuskulatur bewegte den kurzen, kräftigen Oberarmknochen. Die drei letzten Fingerknochen stabilisierten mit ihrem T-förmigen Profil die gewaltigen Flügel.

Flügelknochen von *Quetzalcoatlus* von vorn

FERNÖSTLICHER FLIEGER

Dsungaripterus, ein Pterodactylier mit einer Spannweite von 3 m, ist der erste in China gefundene Flugsaurier. Schmale, zarte Knochenstreben ließen im Schädel große Fenster entstehen. Die kleinen Augen saßen weit hinten am Kopf. Die Schädelmitte trug einen kurzen Kamm. Mit den zahnlosen, pinzettenartigen Kiefern nahm *Dsungaripterus* Schalentiere auf.

Schädel von *Dsungaripterus* Vor 155–110 Mio. Jahren, China

Urvogel

FLIEGENDE BEUTE
Schon im oberen Jura schwebten Insekten durch die Luft, etwa diese Libelle (*Libellula* aus Solnhofen), die ihre Nahrung im Wasser oder an Land erbeutete. Einige Wissenschaftler glauben, *Archaeopteryx* habe seine Flügel als „Fliegenklatsche" benutzt.

Einen Vogel erkennt man an den Federn. Der älteste fossile Nachweis für einen Vogel ist daher eine 147 Millionen Jahre alte versteinerte Feder. Der Urvogel, *Archaeopteryx* (*archaios* = alt; *pteris* = Flügel), weist eine vollständige Befiederung auf. Allerdings ist nie ein fossiler Übergang zwischen Reptilienschuppen, von denen sich die Federn ableiten, und Federn gefunden worden. Federn isolieren den Körper gegen Kälte und wurden zu Tragflächen für das Fliegen. Vögel sind Verwandte der Dinosaurier: Wissenschaftler fanden 21 Gemeinsamkeiten zwischen *Archaeopteryx* und kleinen Theropoden (S. 32–35). Die seit 1861 gefundenen acht *Archaeopteryx*-Fossilien – sieben Skelette und eine Feder – gehören zu den bekanntesten und wertvollsten Versteinerungen.

FLUGFÄHIG
Vögel haben einen großen Brustbeinkamm, der die Flugmuskulatur trägt, und ein Gabelbein als Stütze für die Flügelgelenke.

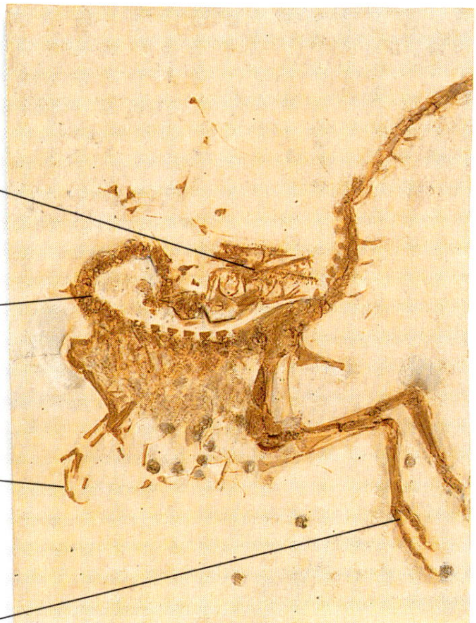

SAURIER MIT FEDERN
Das Eichstätter *Archaeopteryx*-Exemplar hielt man jahrelang für einen Dinosaurier, *Compsognathus* (oben), der in denselben Schichten gefunden wurde. Dass man Fossilien von Vögeln und Dinosauriern kaum unterscheiden kann, belegt die nahe Verwandtschaft beider Tiergruppen.

SELTEN
Bisher hat man im Solnhofener Plattenkalk sieben *Archaeopteryx*-Skelette gefunden. Das Gestein birgt außerdem fossile Insekten, Flugsaurier und Dinosaurier.

BERLINER EXEMPLAR
Das vollständigste *Archaeopteryx*-Skelett fand man 1877. Es befindet sich im Naturkundemuseum der Humboldt-Universität in Berlin. Die vogelartigen Füße tragen drei nach vorn und eine nach hinten gerichtete Zehe. Die Kiefer haben noch Zähne. Federn säumen einen langen Schwanz und sitzen nicht wie bei den heutigen Vögeln an einem kurzen Stumpf. An den Flügeln befinden sich noch drei Finger mit Krallen.

LONDONER EXEMPLAR

Das erste *Archaeopteryx*-Fossil wurde zusammen mit anderen Versteinerungen aus Solnhofen für 700 Pfund vom Britischen Museum in London erworben. Es ist nicht so vollständig wie das Berliner Exemplar, zeigt aber ein deutliches Gabelbein (verwachsene Schlüsselbeine). Die Entdeckung von Gabelbeinen bei einigen Dinosauriern ist ein weiterer Beleg für die Verwandtschaft von Vögeln und Dinosauriern.

Gabelbein: dünner V-förmiger Knochen aus den verschmolzenen Schlüsselbeinen

Der lange Beinknochen wurde vorsichtig aus dem Kalk herausgearbeitet.

Gut erhaltener breiter Federschwanz

TAUFPATE

Der Frankfurter Paläontologe Hermann von Meyer veröffentlichte 1861 seine Untersuchung der ältesten versteinerten Vogelfeder und nannte das zugehörige Tier *Archaeopteryx*.

Rekonstruktion von *Archaeopteryx*

Versteinerte Feder von *Archaeopteryx*

ERSTER EINDRUCK

1860 entdeckten Arbeiter im Gemeindesteinbruch von Solnhofen den Abdruck einer Einzelfeder. Sie entspricht der Schwinge eines heutigen Vogels. Hermann von Meyer veröffentlichte den Fund 1861.

AUF ODER AB?

Mit *Archaeopteryx* erhebt sich die Frage nach dem Ursprung des Vogelflugs. Dazu gibt es zwei Theorien. Die eine besagt, dass die Urvögel an Bäumen emporkletterten, um dann zum Gleitflug zu starten. Nach der zweiten Theorie waren sie schnelle Läufer (*Archaeopteryx* hat lange Laufbeine) und hoben nach einem Sprint vom Boden ab.

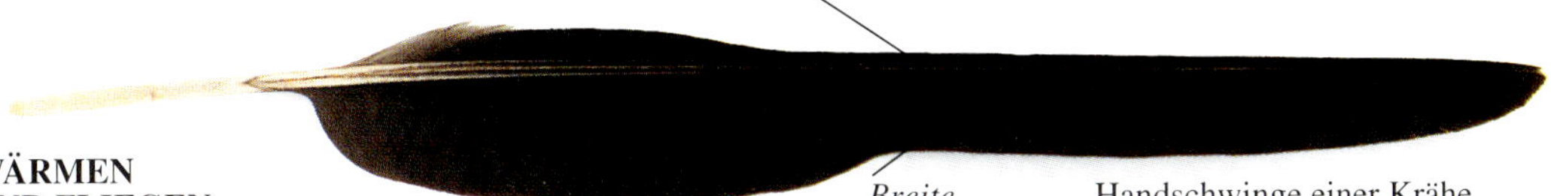

Schmale Außenfahne

Breite Innenfahne

Handschwinge einer Krähe

WÄRMEN UND FLIEGEN

Federn könnten als wärmeisolierende Körperbedeckung aus Reptilienschuppen entstanden sein. Vielleicht bildeten sie dann bei einem kleinen Fleisch fressenden Dinosaurier, dem Vorfahren der Vögel, Tragflächen zum Fliegen.

FLUGUNFÄHIG UND ZAHNLOS

Archaeopteryx hatte noch Zähne und war nah verwandt mit den Dinosauriern. *Phorusrhacus*, ein räuberischer, flugunfähiger Laufvogel, hatte keine Zähne mehr. Er lebte im frühen Känozoikum, wurde bis zu 3 m groß und verschlang alles, was ihm vor den Schnabel kam.

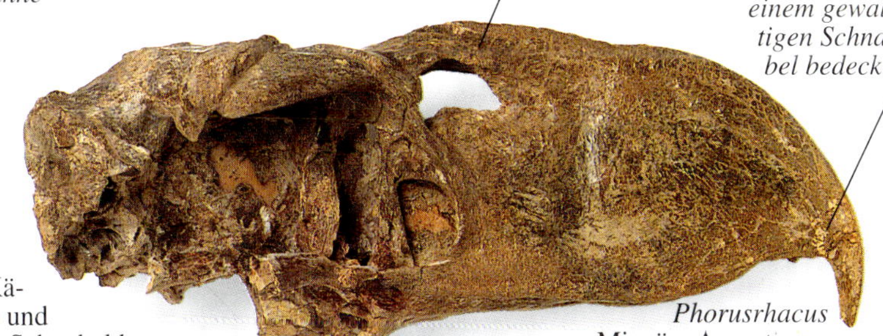

Schädel, bis zu 48 cm lang

Der gebogene Kiefer war von einem gewaltigen Schnabel bedeckt.

Phorusrhacus
Miozän, Argentinien

Frühzeit der Säuger

Die warmblütigen Säugetiere standen 165 Millionen Jahre im Schatten der Dinosaurier. Diese hatten alle Lebensräume besetzt und die ersten Säugetiere mussten in die Nacht ausweichen. Viele ihrer kennzeichnenden Merkmale stellen Anpassungen an eine nächtliche Lebensweise dar. Nach dem Aussterben der Dinosaurier aber breiteten sich die Säuger aus. Fast alle heutigen Säuger gehören zwei großen Gruppen an: den Beuteltieren (*Marsupialia*) oder den Plazentatieren (*Placentalia*). Beide gebären lebende Junge. Die Jungen der Beuteltiere werden sehr unreif geboren und entwickeln sich dann im Beutel der Mutter weiter. Die kleinen Placentalier sind bei der Geburt weiter entwickelt. Im Bauch der Mutter wurden sie über den Mutterkuchen (Plazenta) ernährt. Fossilien beider Gruppen findet man im Gestein der Kreidezeit. Seither haben sich die Plazentatiere als beherrschende Gruppe über die ganze Erde ausgebreitet.

MILCH UND FELL
Säuger haben ein Fell und halten die Körpertemperatur konstant. Sie gebären lebende Junge, die mit Muttermilch gesäugt werden. Nur Säugetiere haben Milchdrüsen (die aus Schweißdrüsen entstanden sind) und erzeugen Milch.

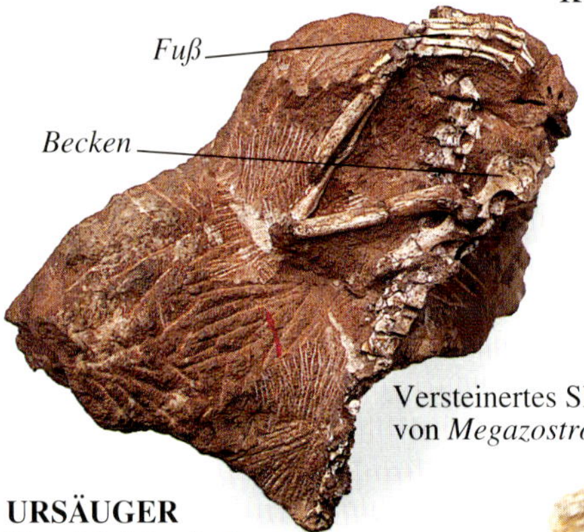

Versteinertes Skelett von *Megazostrodon*

URSÄUGER
Das südafrikanische *Megazostrodon* gehört zu den Morganucodontiden – kleinen Säugern aus der oberen Trias und dem unteren Jura. Durch ein Fell geschützt konnte *Megazostrodon* die Körpertemperatur regulieren, während Reptilien sich von der Sonne aufwärmen lassen müssen.

Rekonstruktion von *Megazostrodon*, einem der ersten Säuger Obere Trias Südafrika

Erwachsenes *Uintatherium* mit Kind

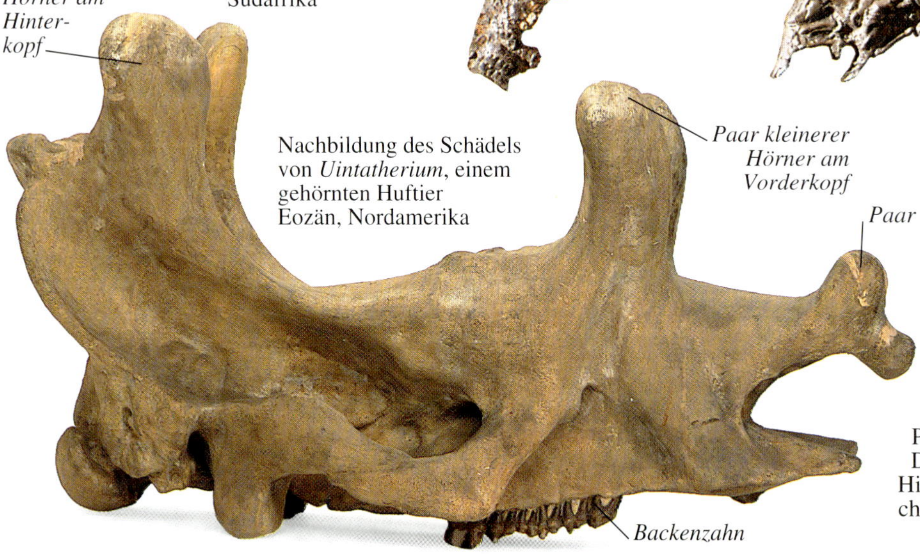

Nachbildung des Schädels von *Uintatherium*, einem gehörnten Huftier Eozän, Nordamerika

URZEITLICHES UNGETÜM
Uintatherium, eines der ersten großen Säugetiere, erreichte die Größe eines Nashorns. Es lebte vor 50 Mio. Jahren in Nordamerika und ernährte sich von Pflanzen, die es mit seinen Backenzähnen zerkleinerte. Drei Hornpaare zierten den Schädel, das größte saß am Hinterkopf, das kleinste auf der Nasenspitze. Die Männchen hatten zudem noch verlängerte Eckzähne, die wohl bei Rivalenkämpfen eine Rolle spielten.

VIELHÖCKERZÄHNER

Der nagerähnliche *Ptilodus* gehört zu den Multituberculaten (Vielhöckerzähner), den ersten Pflanzen fressenden Säugern. Nach 100 Mio. Jahren starben sie im Oligozän aus. Der Name der Tiere bezieht sich auf die Oberflächenstruktur ihrer Mahlzähne. Die Vorbackenzähne (rechts) dienten zum Zerschneiden der Nahrung.

Rekonstruktion des hörnchenähnlichen *Ptilodus* Mittleres bis oberes Paleozän Nordamerika

Winziger Vorbackenzahn von *Mesodma*, einem Multituberculaten aus der Oberkreide Nordamerikas

ZAHN UM ZAHN

Die ersten Säuger waren klein; Versteinerungen findet man selten. Oft blieben nur Zähne erhalten. Zähne wie dieser stecknadelkopfgroße von *Mesodma* spiegeln die vielen Lebensweisen wider, die sich schnell entwickelten.

SÄUGERZÄHNE

Morganucodon, eines der ersten Säugetiere, war nur wenige Zentimeter lang und wog etwa 20 g. Der Unterkiefer zeigte noch viele Reptilienmerkmale, der Unterkieferknochen der Säuger ist schon vergrößert. Das Gehirn war im Vergleich zu Reptilien vergrößert und das Tier hatte schon Spürhaare.

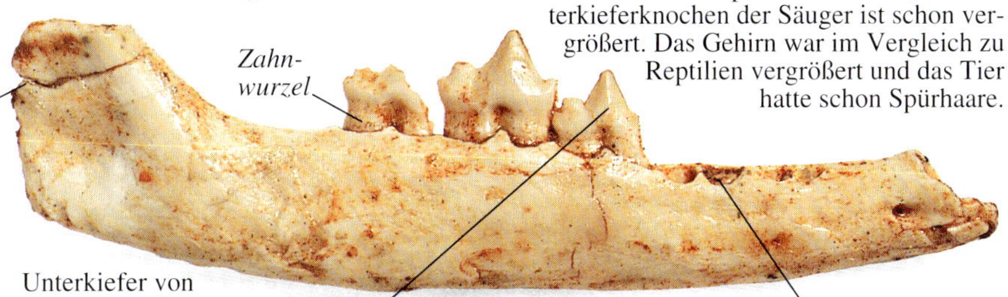

Unterkiefer von *Morganucodon* Obere Trias Großbritannien und China

VERSTEINERTES FELL

Im Ölschiefer der Grube Messel bei Darmstadt sind Versteinerungen früher Säuger erhalten. Im Eozän herrschte hier subtropisches Klima. In einem Binnensee lagerten sich Pflanzenteile, Tierleichen und Ton ab. Pferde, Ameisenbären, Primaten und andere Säuger wurden im 49 Mio. Jahre alten Gestein gefunden. Wegen des Sauerstoffmangels am Boden des Sees konnten die Tiere nicht verwesen. Körperumrisse, Mageninhalte und Haare blieben versteinert erhalten. Bei *Pholidocercus*, einem urtümlichen Igelverwandten, erkennt man noch das borstige Fell.

Fossiles Skelett von *Pholidocercus*, einem Igelverwandten aus dem Eozän aus der Grube Messel bei Darmstadt

FLEDERMAUSFLÜGEL

Die langen Finger, die die dünne Flughaut von *Palaeochiropteryx*, einem Fossil aus der Grube Messel, ausbreiteten, sind an den Körper gelegt. *Palaeochiropteryx* war etwa 7 cm lang und wurde mit versteinerten Nachtfaltern im Magen gefunden. Fledermäuse sind nachtaktiv und finden ihre Beute (meist Insekten) mithilfe von Echoortung.

HAARIGER IGEL

Igel sind Insektenfresser; sie leben von Larven, Insekten und Würmern. *Macrocranion*, ein fossiler Igelverwandter, ist unter den Funden aus der Grube Messel recht häufig. Das 20 cm lange Tier, das vor 50 Mio. Jahren lebte, besaß einen langen Schwanz und kleine, scharfe Zähne. Obwohl er einem heutigen Igel ähnelt, hatte *Macrocranion* keine Stacheln, sondern, wie die Umrisse der Versteinerung erkennen lassen, ein Fell.

Vielfalt der Säuger

Säuger entwickelten eine Fülle von Lebensweisen. Im Laufe von Jahrmillionen entstanden aus kleinen, spitzmausartigen Formen gewaltige Räuber, Insektenfresser mit kleinen Zähnen, bärenartige Pflanzenfresser und Huftiere. Wie schon zuvor einige Reptilien kehrten auch manche Säuger ins Meer zurück (wie die Wale) oder eroberten die Luft (wie die Fledermäuse). Als gleichwarme Tiere erzeugen Säuger ihre Körperwärme selbst. Solange sie genügend Nahrung finden, können sie in vielen Klimas und Regionen leben. Ihre Zähne geben Hinweise auf ihre Ernährung. Fleischfresser haben lange Fangzähne und spezielle Backenzähne zum Schneiden, Pflanzenfresser gefurchte, flache Backenzähne zum Zermahlen der Pflanzen. Nur wenige Gebiete auf der Erde sind nicht von Säugern besiedelt.

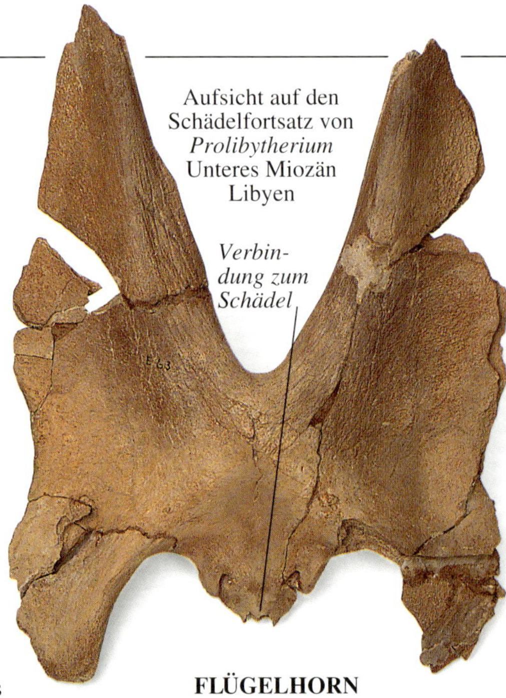

Aufsicht auf den Schädelfortsatz von *Prolibytherium*
Unteres Miozän
Libyen

FLÜGELHORN
Von oben erinnert der breite Schädelfortsatz von *Prolibytherium*, einem kleinen hirschartigen Giraffenverwandten, kaum an die Knochenzapfen heutiger Giraffen. Giraffen waren im Miozän und Pliozän in Afrika und Asien eine sehr vielgestaltige Tiergruppe.

Großköpfiges *Hyaenodon* neben erlegtem Beutetier
Unteres Tertiär
Nordamerika, Europa, Afrika

Schädel von *Hyaenodon*

URRAUBTIERE
Die längst ausgestorbenen Hyaenodonten waren die größten Räuber des unteren Tertiär. *Hyaenodon* erreichte die Größe einer heutigen Hyäne und hatte lange Fangzähne und Reißzähne, die aber nicht denen der heutigen Raubtiere entsprechen. Die Hyaenodontiden sind die Schwestergruppe der heutigen Raubtiere, die sie im Miozän verdrängten.

Nachbildung des Schädels von *Megistotherium*
Miozän
Nordafrika

RIESENSCHÄDEL
Megistotherium war ein riesiger Hyaenodonte und lebte vor 20 Mio. Jahren im Gebiet der heutigen Sahara. Sein Schädel war mit 65 cm Länge doppelt so groß wie der eines Löwen. Die breiten Backenknochen und Knochenkämme am Schädel zeigen, dass *Megistotherium* gewaltige Kiefermuskeln hatte und kräftig zubeißen konnte.

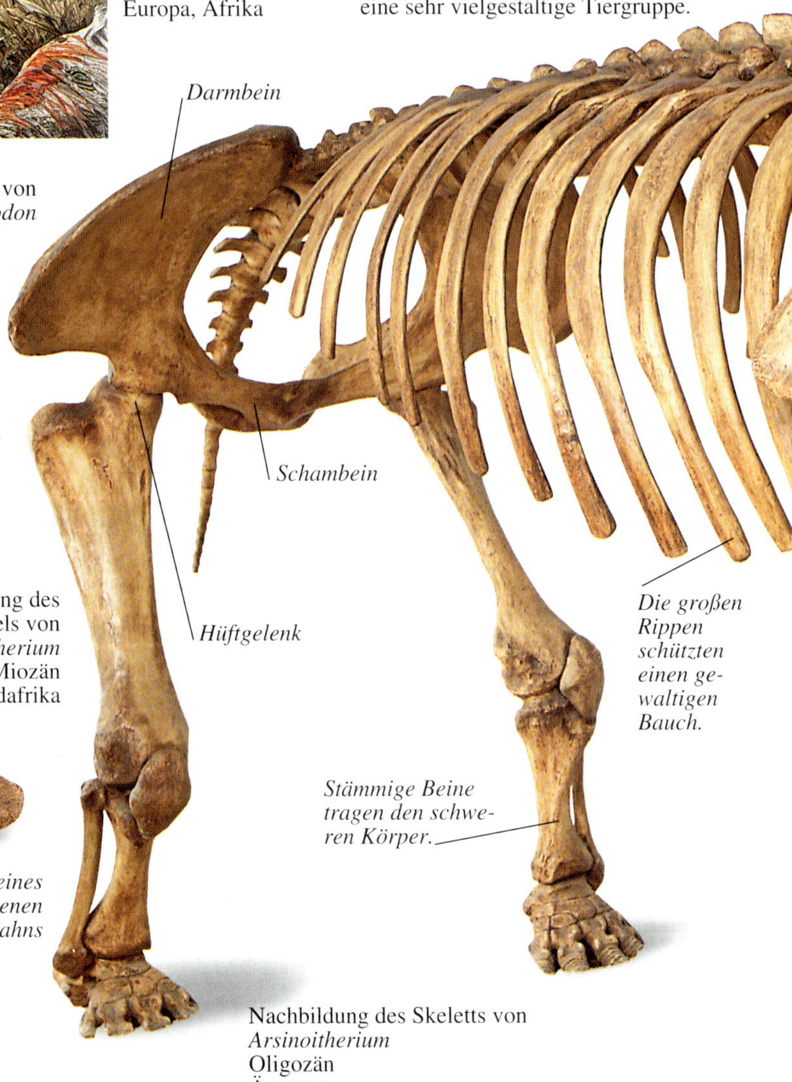

Nachbildung des Skeletts von *Arsinoitherium*
Oligozän
Ägypten

URWAL

Der Urwal *Basilosaurus* hatte einen langen Körper und einen kleinen Kopf. Die Vordergliedmaßen sind Flossen, die Hintergliedmaßen rückgebildet. Die Nasenlöcher sitzen auf der Schnauze, heutige Wale tragen sie am höchsten Punkt des Kopfes.

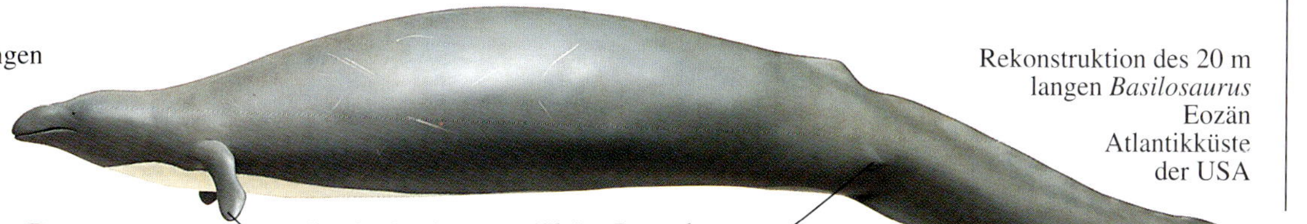

Rekonstruktion des 20 m langen *Basilosaurus*
Eozän
Atlantikküste der USA

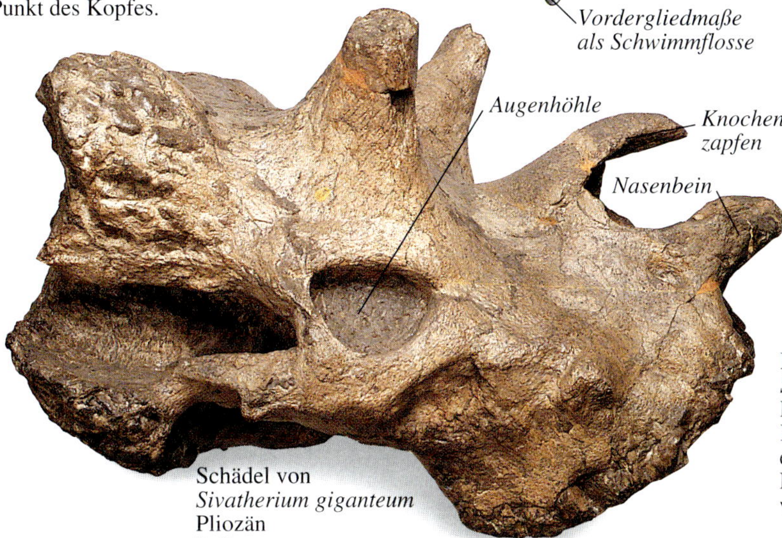

Schädel von *Sivatherium giganteum*
Pliozän
Indien

Mit seinem kurzen Hals ähnelt *Sivatherium* eher einem Elch als einer Giraffe.

RIESENGIRAFFE

Sivatherium, ein riesiger Giraffenverwandter, lebte im Pliozän in Indien und Afrika. Hier sind nur die vorderen Knochenzapfen am Schädel erhalten. Das Tier hatte noch ein Paar breiter Knochenfortsätze am Hinterschädel. Das Nasenbein deutet darauf hin, dass Nase und Oberlippe wie beim Tapir einen kurzen Rüssel bildeten.

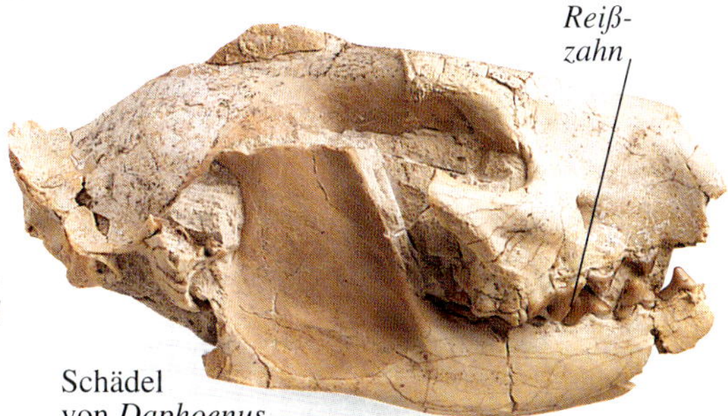

Schädel von *Daphoenus*
Oligozän
USA

BÄR ODER HUND?

Früher hielt man die Amphicyoniden aus dem Eozän und dem Pliozän für Hunde, heute stellt man sie zu den Bären. Mit 1 m Länge war *Daphoenus* ein kleinerer Vertreter. Viele Amphicyoniden waren große, untersetzte Tiere mit Bärenkörper und Hundeschädel.

Zwei langschwänzige, schlanke *Daphoenus*-Tiere auf Beutesuche

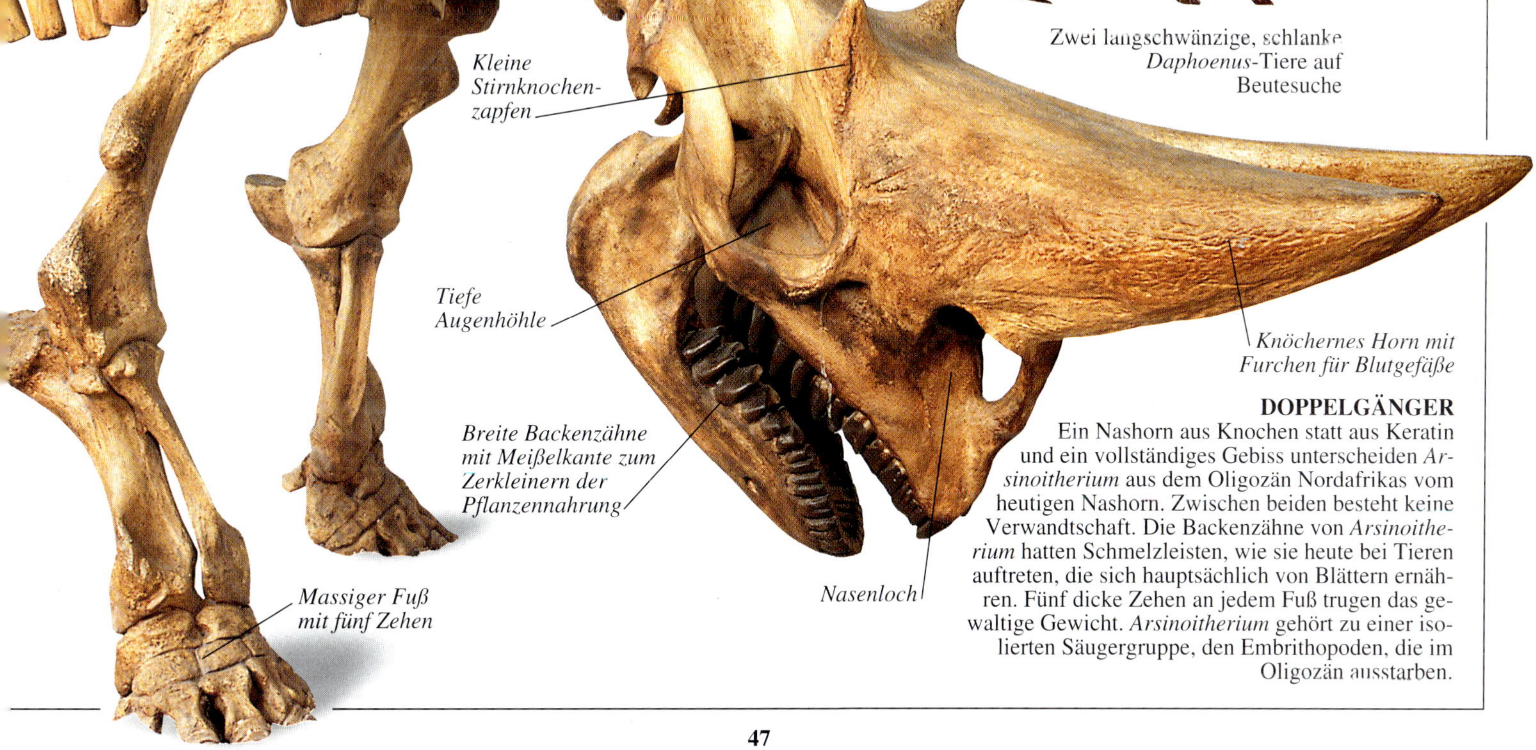

DOPPELGÄNGER

Ein Nashorn aus Knochen statt aus Keratin und ein vollständiges Gebiss unterscheiden *Arsinoitherium* aus dem Oligozän Nordafrikas vom heutigen Nashorn. Zwischen beiden besteht keine Verwandtschaft. Die Backenzähne von *Arsinoitherium* hatten Schmelzleisten, wie sie heute bei Tieren auftreten, die sich hauptsächlich von Blättern ernähren. Fünf dicke Zehen an jedem Fuß trugen das gewaltige Gewicht. *Arsinoitherium* gehört zu einer isolierten Säugergruppe, den Embrithopoden, die im Oligozän ausstarben.

Elefanten und Pferde

Elefanten und Pferde haben bis heute überlebt. Seit dem unteren Eozän bewohnten viele Elefantenarten die Erde, doch heute gibt es nur noch den Indischen und den Afrikanischen Elefanten. Zu den Rüsseltieren gehören mittelgroße Tiere wie *Moeritherium* und bis zu 5 m große Riesen wie das Mammut. Mastodonten und Elefanten haben viele Merkmale, die als Anpassungen an die Versorgung des Riesenkörpers mit Nahrung zu deuten sind. Die Stammesgeschichte der Pferde ist bestens erforscht. Seit ihrem Auftreten im Eozän haben sie sich in Anpassung an verschiedene Klimas und Nahrung deutlich gewandelt. Diese Veränderungen zeigen sich deutlich in der Zahl der Zehen und an der Körpergröße.

Schädel des 36 Mio. Jahre alten *Moeritherium*

ERSTER ELEFANT
Die meisten Rüsseltiere hatten hohe Schädel mit schwammartig aufgebauten Knochen zur Gewichtsverminderung. *Moeritherium* hatte einen flachen, etwa 50 cm langen Schädel. Die 24 kleinen Backenzähne blieben das ganze Leben lang erhalten, die Schneidezähne bildeten kleine Stoßzähne.

Schädel des 35 Mio. Jahre alten *Phiomia* Ägypten

ZÄHNE FÜR ALLE ZWECKE
Phoemia, ein recht urtümlicher Vertreter der Elefantenlinie, hatte in beiden Kiefern Stoßzähne. Im Unterkiefer bildeten sie eine Art Löffel. Die 24 Mahlzähne waren größer und hochkroniger als die von *Moeritherium*.

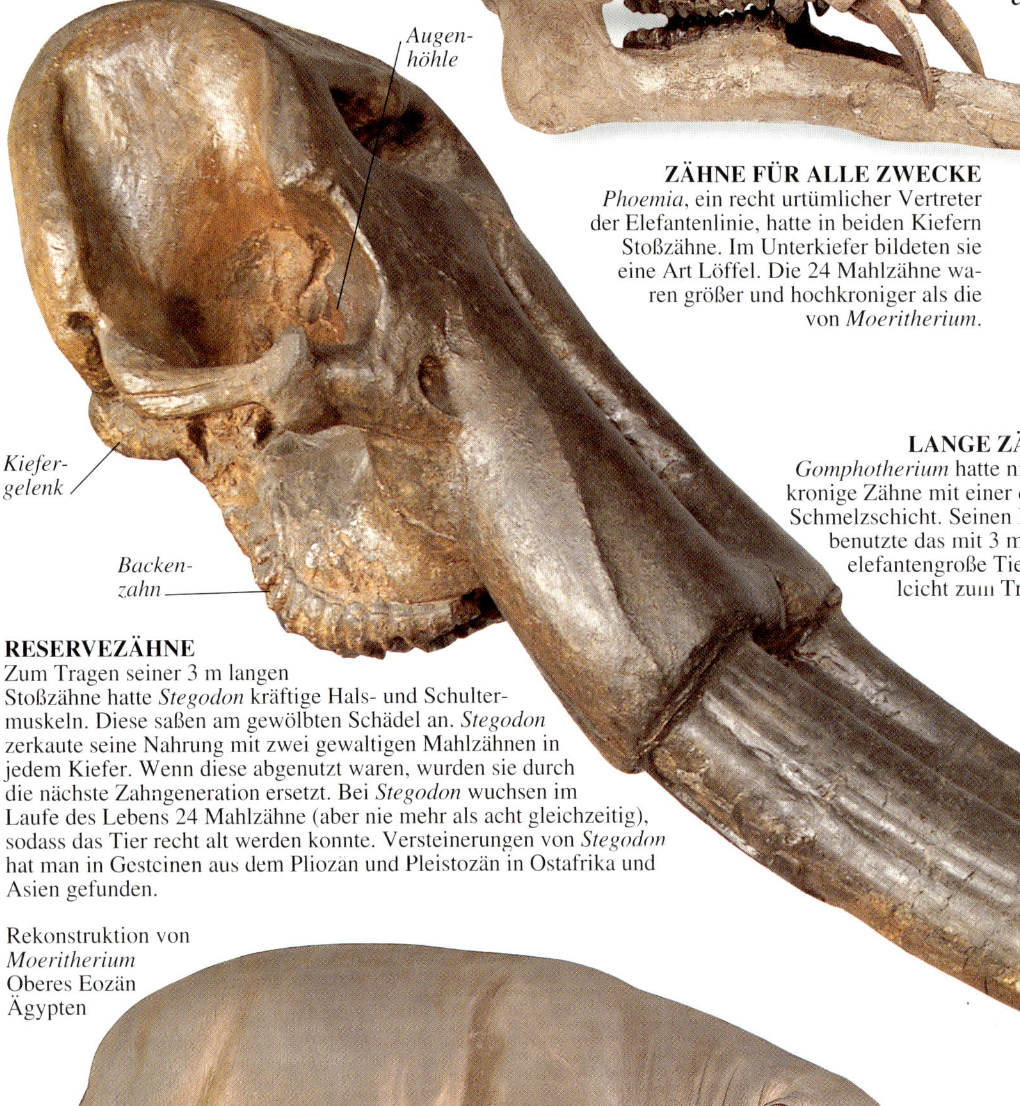

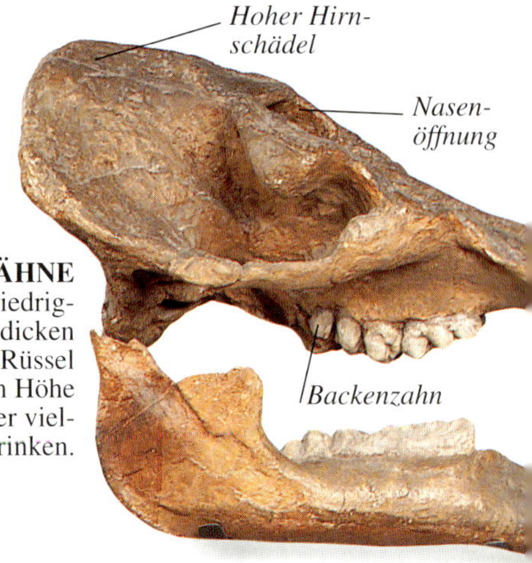

LANGE ZÄHNE
Gomphotherium hatte niedrigkronige Zähne mit einer dicken Schmelzschicht. Seinen Rüssel benutzte das mit 3 m Höhe elefantengroße Tier vielleicht zum Trinken.

Schädel des 20 Mio. Jahre alten *Gomphotherium* Afrika und Asien

RESERVEZÄHNE
Zum Tragen seiner 3 m langen Stoßzähne hatte *Stegodon* kräftige Hals- und Schultermuskeln. Diese saßen am gewölbten Schädel an. *Stegodon* zerkaute seine Nahrung mit zwei gewaltigen Mahlzähnen in jedem Kiefer. Wenn diese abgenutzt waren, wurden sie durch die nächste Zahngeneration ersetzt. Bei *Stegodon* wuchsen im Laufe des Lebens 24 Mahlzähne (aber nie mehr als acht gleichzeitig), sodass das Tier recht alt werden konnte. Versteinerungen von *Stegodon* hat man in Gesteinen aus dem Pliozän und Pleistozän in Ostafrika und Asien gefunden.

Rekonstruktion von *Moeritherium* Oberes Eozän Ägypten

ANFANG OHNE RÜSSEL
In Gestalt und Lebensweise ähnelte *Moeritherium* den Flusspferden. *Moeritherium* war 1 m hoch, wog 230 kg und lebte von weichen Wasserpflanzen. Für diese Nahrung benötigte es noch nicht die Mahlzähne der späteren Rüsseltiere. *Moeritherium* gleicht ausgestorbenen Seekühen: ein Beleg für die Verwandtschaft zwischen Seekühen und Elefanten.

Hufe und Zähne

Die Evolution der Pferde ist recht gut bekannt. Ihre Stammesgeschichte begann vor 55 Mio. Jahren mit *Hyracotherium*. Dieses kaum katzengroße Tier lebte in Wäldern und ernährte sich von Samen, Früchten und Blättern. *Hyracotherium* war kein Lauftier wie heutige Pferde. Im Laufe der nächsten 55 Mio. Jahre entwickelten sich dann die langen Pferdebeine und hochkronige Zähne zum Zermahlen harter Gräser.

URPFERD
Hyracotherium lebte in Nordamerika und Europa. Mit ihm begann die Entwicklung vom Waldtier zum Steppenbewohner.

Vorderfuß des vierzehigen Urpferdchens *Hyracotherium* Vor 55 Mio. Jahren

Linker Hinterfuß von *Hipparion* Vor 15 Mio. Jahren Europa, Asien, Afrika, Nordamerika

Vor 20 Mio. Jahren entstanden Beine mit wenigen Zehen zum schnellen Laufen.

DREI ZEHEN
Das dreizehige *Merychippus* war das erste Gras fressende Pferd und lebte vor ungefähr 20 Mio. Jahren in Nordamerika.

Schädel von *Hyracotherium* (Blick auf den Gaumen)

ZEHENVERLUST
In der Pferdeevolution wurde die Mittelzehe immer länger und stärker, bis sie die Dicke des Beins erreichte. Die anderen Zehen wurden rückgebildet. Das dreizehige *Hipparion* trug sein Gewicht hauptsächlich mit der großen Mittelzehe. Vielleicht erreichte es schon eine Dauergeschwindigkeit von 15 km/h.

Schädel von *Hipparion* (Blick auf den Gaumen)

GRASNAHRUNG
Im Laufe der Pferdeevolution schrumpfte die Fläche der Wälder aufgrund eines Klimawechsels immer mehr. Vor 23 Mio. Jahren dehnten sich weite Steppen aus. Hier konnten Laubfresser nicht überleben. *Hipparion* war an die Grasnahrung angepasst. Die hochkronigen Zähne mit einer dicken Schmelzschicht wurden vom harten Gras, das zudem noch Kieselsäure enthält, nicht so schnell abgenutzt.

Schädel und Stoßzähne von Gomphotherium waren bis zu 2 m lang.

Schädel und Stoßzähne des 5 Mio. Jahre alten *Stegodon ganesa* aus Indien

HEUTIGER ELEFANT
Die direkten Vorfahren der heutigen Elefanten erschienen vor ungefähr 7 Mio. Jahren. Elefanten kauen mit nur einem Zahn in jeder Kieferhälfte, der sich nach vorn schiebt und von einem neuen ersetzt wird, wenn er abgenutzt ist. Die Tiere wiegen bis zu 6 t und benötigen jeden Tag gewaltige Nahrungsmengen.

KURZE STOSSZÄHNE
Phiomia wurde bis 2 m groß und lebte vor 32 Mio. Jahren in Afrika. Obwohl Körper, Rüssel und Stoßzähne kleiner sind, ist die Ähnlichkeit mit heutigen Elefanten deutlich. Die Backenzähne hatten Querjoche und mussten gewaltige Nahrungsmengen zerkleinern. Durch Abnutzung wurde die Oberfläche glatt.

Nachbildung von *Phiomia* Unteres Oligozän, Ägypten

Zeichnerische Rekonstruktion eines *Diprotodon* aus Australien

Konkurrenzlos

Als der die gesamte Landmasse umfassende Riesenkontinent Pangaea zu Beginn des Erdmittelalters auseinander brach, entstanden durch die Meere zwischen den Kontinenten wirksame Ausbreitungsbarrieren. Vor allem Südamerika und Australien waren lange isoliert, sodass sich in der Abgeschiedenheit dieser Inselkontinente eine ganz eigenständige Tierwelt entwickeln konnte. Die Trennung der beiden amerikanischen Subkontinente erfolgte vor ungefähr 55 Millionen Jahren, als Beuteltiere und Plazentatiere etwa gleich weit verbreitet waren. In über 50 Millionen Jahren entstand in Südamerika in völliger Isolation eine eigene Fauna von Beutel- und Plazentatieren. Erst vor zwei Millionen Jahren bildete sich mit der Panamabrücke wieder eine Landbrücke zwischen Nord- und Südamerika. Über die damals noch nicht vereiste Antarktis erreichten die Beuteltiere Australien, ehe dieser Kontinent vor 45 Millionen Jahren nach Norden driftete. Die Isolation Australiens war noch vollständiger als die der beiden Amerikas. Ohne die Konkurrenz durch Plazentatiere blieben dort die Beuteltiere bis heute vorherrschend.

EISZEITWELT
Noch in der Eiszeit gab es in Australien eine sehr formenreiche Beuteltierfauna. Koalas, Kängurus und die seltsamen Eier legenden Säuger (Schnabeligel, unten rechts) überlebten bis heute. Ausgestorben sind das wombatähnliche *Diprotodon*, der löwenähnliche *Thylacoleo* und – erst in unserem Jahrhundert – der Beutelwolf *Thylacinus*.

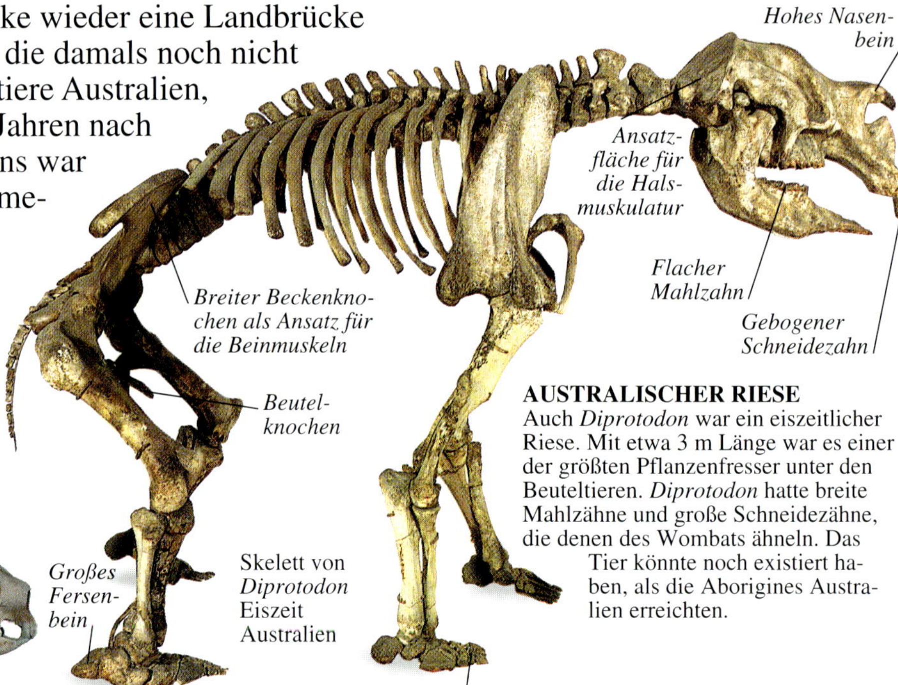

Skelett von *Diprotodon* Eiszeit Australien

AUSTRALISCHER RIESE
Auch *Diprotodon* war ein eiszeitlicher Riese. Mit etwa 3 m Länge war es einer der größten Pflanzenfresser unter den Beuteltieren. *Diprotodon* hatte breite Mahlzähne und große Schneidezähne, die denen des Wombats ähneln. Das Tier könnte noch existiert haben, als die Aborigines Australien erreichten.

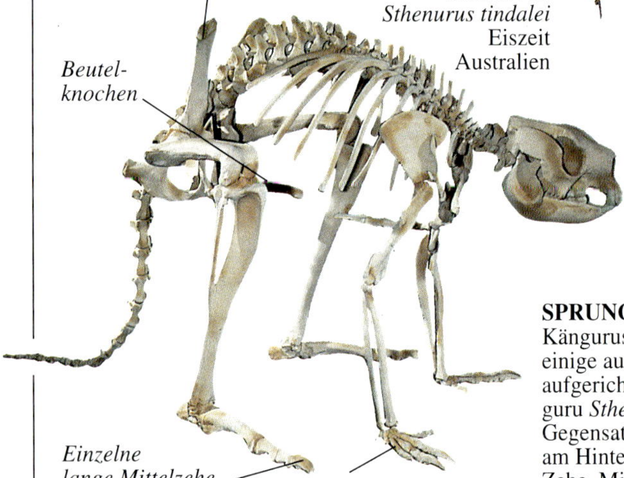

Skelett von *Sthenurus tindalei* Eiszeit Australien

SPRUNGBEIN MIT HUF
Kängurus können bis zu 2 m groß werden, einige ausgestorbene Riesenformen erreichten aufgerichtet über 3 m. Das Kurzschnauzenkänguru *Sthenurus* war ein eiszeitlicher Riese. Im Gegensatz zu den heutigen Kängurus hatte es am Hinterfuß nur eine in einem Huf endende Zehe. Mit den beweglichen Vorderextremitäten konnte es hoch über seinem Kopf Blätter und Zweige pflücken.

Fossiles Skelett von *Thylacoleo* Eiszeit Australien

DOPPELGÄNGER
Für viele Beuteltiere findet man ein entsprechendes Plazentatier. *Thylacoleo*, der Beutellöwe, wird oft mit Großkatzen verglichen. Er jagte in der Eiszeit in Australien die großen Pflanzen fressenden Beuteltiere wie *Diprotodon*.

Der Beutelwolf (*Thylacinus*) ist seit dem Miozän für Australien bekannt. In den 30er-Jahren wurde er ausgerottet.

BEUTELWOLF
Der Beutelwolf ähnelte dem Wolf; vielleicht war er ebenfalls ein Rudeljäger. Nachdem die Beutelwölfe sich in einem Jahrmillionen dauernden Evolutionsprozess behauptet hatten, verschwanden sie in den 30er-Jahren für immer von der Erde. Verfolgung durch den Menschen, Zerstörung ihres Lebensraums und Konkurrenz durch den eingeführten Dingo ließen ihnen keine Chance.

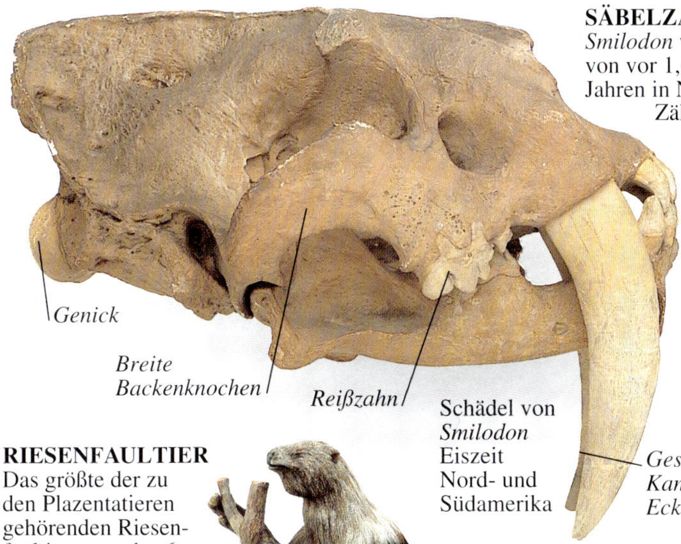

Schädel von *Smilodon*
Eiszeit
Nord- und Südamerika

SÄBELZAHNKATZE

Smilodon war ein Plazentatier und lebte von vor 1,6 Mio. Jahren bis vor 8000 Jahren in Nord- und Südamerika. Die Zähne sind fein gesägt. Das Maul konnte *Smilodon* weiter aufreißen als ein Löwe und so seine Beute leicht zerfleischen. Die gewaltigen Eckzähne waren aber wohl etwas zerbrechlich: Man fand eine Spitze im Schädel eines Opfers.

VON JEDEM ETWAS

In Südamerika entwickelten sich ganz eigenständige Huftiergruppen. *Macrauchenia* gehörte zu den seltsamsten Geschöpfen. Es hatte einen kurzen Rüssel, den Körper eines Kamels und die Füße eines Nashorns: ein bizarrer, ausgestorbener südamerikanischer Pflanzenfresser.

RIESENFAULTIER

Das größte der zu den Plazentatieren gehörenden Riesenfaultiere war das 6 m lange *Megatherium* aus Nord- und Südamerika. Riesenfaultiere bildeten in der Eiszeit in Amerika eine formenreiche Gruppe und starben vor etwa 10.000 Jahren aus.

Rekonstruktion von *Megatherium*
Eiszeit
Argentinien

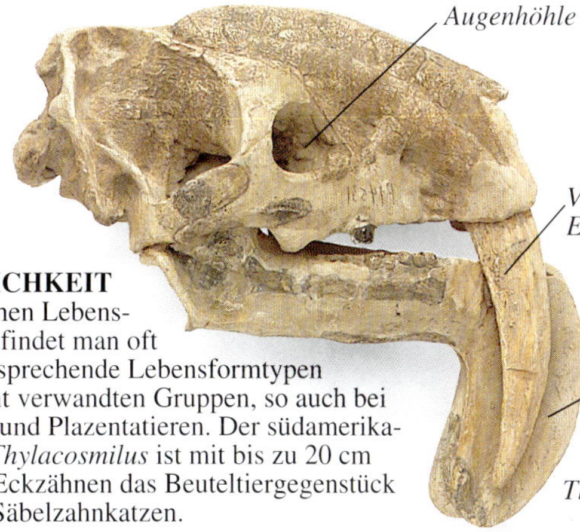

Schädel von *Thylacosmilus*
Eiszeit
Argentinien

ÄHNLICHKEIT

In gleichen Lebensräumen findet man oft sich entsprechende Lebensformtypen aus nicht verwandten Gruppen, so auch bei Beutel- und Plazentatieren. Der südamerikanische *Thylacosmilus* ist mit bis zu 20 cm langen Eckzähnen das Beuteltiergegenstück zu den Säbelzahnkatzen.

SCHÜTZENDE SCHALE

Das Riesengürteltier *Glyptodon* war ein entfernter Verwandter des Riesengürteltiers. Es wurde bis zu 2 t schwer und bis 3,3 m lang. Knochenplatten bildeten einen vollständigen Rückenpanzer zum Schutz vor eiszeitlichen Räubern.

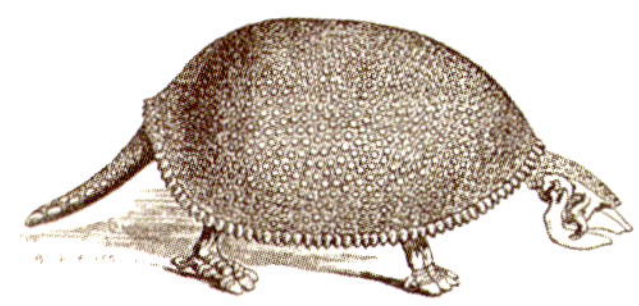

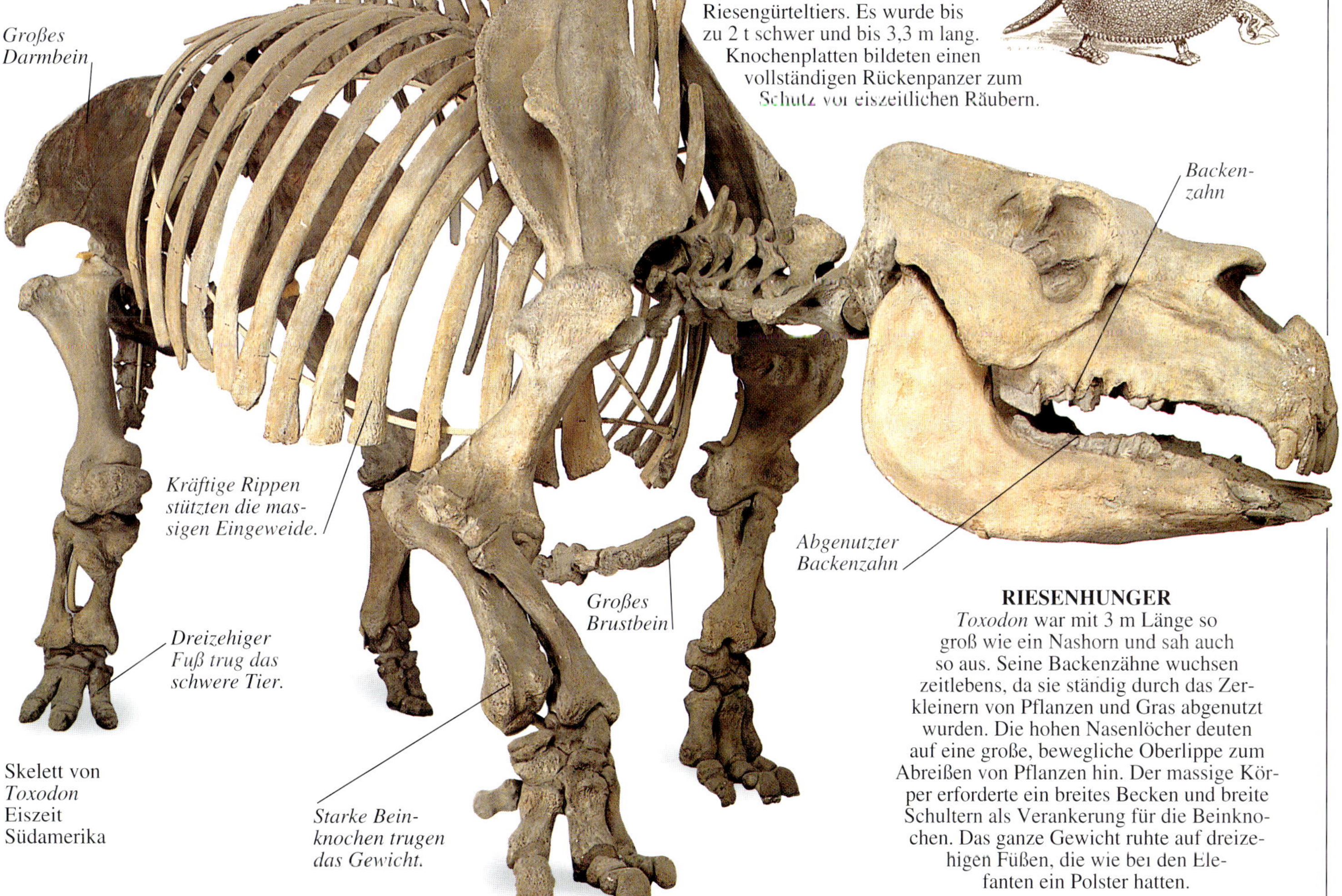

Skelett von *Toxodon*
Eiszeit
Südamerika

RIESENHUNGER

Toxodon war mit 3 m Länge so groß wie ein Nashorn und sah auch so aus. Seine Backenzähne wuchsen zeitlebens, da sie ständig durch das Zerkleinern von Pflanzen und Gras abgenutzt wurden. Die hohen Nasenlöcher deuten auf eine große, bewegliche Oberlippe zum Abreißen von Pflanzen hin. Der massige Körper erforderte ein breites Becken und breite Schultern als Verankerung für die Beinknochen. Das ganze Gewicht ruhte auf dreizehigen Füßen, die wie bei den Elefanten ein Polster hatten.

Geburt und Jugend

Seit über 3 Milliarden Jahren gibt es Leben auf der Erde. Ein kennzeichnendes Merkmal der Lebewesen ist die Fortpflanzung. Prokaryonten wie die Blaualgen pflanzen sich fort, indem sie sich in zwei gleiche Tochterzellen teilen. Sexuelle Fortpflanzung steigert die Variabilität: Wenn männliche und weibliche Zelle verschmelzen, entsteht ein völlig einzigartiger Organismus. So steigt die Wahrscheinlichkeit, dass einige Nachkommen an wechselnde Bedingungen angepasst sind. Fische und Amphibien legen ihre Eier einfach im Wasser ab. Reptilieneier entwickeln sich mit Ausnahme einiger Meeresreptilien an Land. Die Embryonen sind durch eine feste, wasserundurchlässige Schale geschützt. Der Keim selbst bildet eine häutige Hülle (Amnion = Schafhaut), die ihn völlig umgibt. Eine andere Hautbildung dient der Atmung und umschließt die Abfallprodukte. Auch Säuger bilden ein Amnion, allerdings findet hier die Entwicklung immer im Körper der Mutter statt.

KAULQUAPPE
Amphibieneier sind von einer dicken Eiweißschicht umgeben, die die Eier im Froschlaich zusammenhält. Aus den Eiern schlüpft die fischähnliche Kaulquappe. Bei diesem seltenen Fossil war die Entwicklung auf dieser Stufe beendet.

VERZWEIGT
Die Korallenpolypen bilden in ihren steinernen Skeletten Ableger, die sich in die Kolonie einfügen. Von Zeit zu Zeit geben die Polypen männliche und weibliche Geschlechtszellen ab. Wenn die Larven überleben, können sie dort, wo sie sich niederlassen, zu neuen Kolonien heranwachsen.

Die Koralle hat ein Ei ins Wasser abgegeben.

Thecosmilia trochotoma
(Korallenkolonie mit einzelnen Ästen)
Oberer Jura
Deutschland

Ein neuer Korallenzweig vergrößert die Kolonie.

Die rote Farbe kennzeichnet einen von sechs Embryonen, die mit der Mutter starben.

Stenopterygius acutirostris
Unterer Jura, Deutschland

VERSTEINERTE GEBURT
Im Gegensatz zu den meisten Reptilien waren die Fischsaurier lebend gebärend. Versteinerte erwachsene Ichthyosaurier weisen Überreste von mehreren Jungen im Körper auf. Weibliche Fischsaurier konnten ihre Eier nicht an Land ablegen, die Jungen entwickelten sich im Körper der Mutter. Dieses Weibchen könnte bei der Geburt der Jungen gestorben sein.

FLIEGENFÄNGER
Diese Mücken wurden bei der Paarung von klebrigem Harz eingeschlossen. Bei Insekten findet man zwei Entwicklungstypen: Bei der „unvollständigen Umwandlung“ werden die Larven mit jeder Häutung den Erwachsenen ähnlicher. Bei der „vollständigen Umwandlung“ erfolgt im Puppenstadium ein vollständiger Umbau.

Die Eier wurden in eine Mulde im Sand gelegt und mit Pflanzenteilen bedeckt (Rekonstruktion eines Nests mit Eiern und Jungtieren von Maiasaurus).

Aepyornis lebte in der Eiszeit auf Madagaskar und legte seine Eier in Sanddünen ab.

LEBENSLAUF

Wie bei vielen Weichtieren spiegelt auch die Schale der Ammoniten die Lebensgeschichte dieser Tiere wider. In der Mitte erkennt man die erste Schale des jungen Tiers. Als es wuchs, legte es immer neue Kammern an, von denen es nur die äußerste bewohnte. Die inneren Kammern waren mit Flüssigkeit und Luft gefüllt, deren Verhältnis das Tier verändern konnte, um im Meer aufzusteigen oder abzusinken.

Die versteinerten Kammern sind mit Kristallen gefüllt.

Oxynoticeras oxynotum
Unterer Jura
Großbritannien

ELEFANTENVOGEL-RIESENEI

Elefantenvögel legten Rieseneier. Der 3 m große, flugunfähige *Aepyornis* hält den Rekord. Mit 450 kg Körpergewicht legte er Eier, die 170-mal so groß waren wie ein Hühnerei. Allerdings brauchen größere Eier auch dickere Schalen. Wenn die Schale zu dick ist, kann das Küken sie beim Schlüpfen nicht mehr durchbrechen.

PALMFRUCHT

Bei Pflanzen findet man verschiedene Methoden der Samenverbreitung. Früchte werden z.B. von Tieren gefressen, die die hartschaligen Samen nicht verdauen und weit entfernt wieder ausscheiden. Die kokosnussähnliche Frucht von *Nipa*, einer stammlosen Palme, enthielt bis zu 8 cm lange Samen und wurde wahrscheinlich vom Wasser verbreitet.

Eine hölzerne Außenhülle umschloss große Samen in faseriger Innenhülle.

Frucht von *Nipa burtinii*
Mittleres Eozän, Belgien

DINOSAURIER-KINDERSTUBE

Die ersten Dinosauriereier entdeckte man 1922 in einem versteinerten Nest von *Protoceratops* in der Wüste Gobi (S. 32–33). Seither hat man viele Sauriereier gefunden. Als aufregendste Entdeckung erwies sich ein 1978 in Montana/USA gefundener Nistplatz von *Maiasaurus* („gute Mutterechse"). Diese Saurier scharrten nicht nur Nester für ihre Eier, sie kümmerten sich auch um ihre 35,5 cm großen Jungen, bis diese für sich selbst sorgen konnten.

Affen und Vormenschen

Menschen unterscheiden sich von Tieren durch ihren aufrechten Gang, ihre Wortsprache, den Gebrauch komplizierter Werkzeuge und des Feuers sowie durch ihre Intelligenz. Körperliche Merkmale deuten darauf hin, dass die in Gruppen lebenden und Werkzeuge benutzenden Schimpansen unsere nächsten Verwandten sind. Zusammen mit Gorillas und Schimpansen gehören die Menschen zur Familie der *Hominidae*. Zusammen mit 200 weiteren Affen- und Halbaffenarten bilden sie die Säugerordnung der Herrentiere (Primaten). Das bedeutet nicht, dass wir von Gorillas und Schimpansen abstammen, aber wir haben denselben frühen Vorfahren wie sie. Zwar hat man von ihm keine Fossilien gefunden, doch man nimmt an, dass er vor etwa 7,5 Millionen Jahren in Afrika lebte. Seither haben sich die Entwicklungslinien von Menschen und Menschenaffen getrennt. Anhand von Fossilien versucht man die Verzweigungen des Stammbaums zu rekonstruieren.

AEGYPTOPITHECUS
Die in der oberägyptischen Oase Fayum entdeckten Fossilien von *Aegyptopithecus* sind 32 Mio. Jahre alt; damals wuchs dort tropischer Regenwald. *Aegyptopithecus* ist ein urtümlicher Primat und könnte Vorfahr der Affen und der Menschenaffen sein.

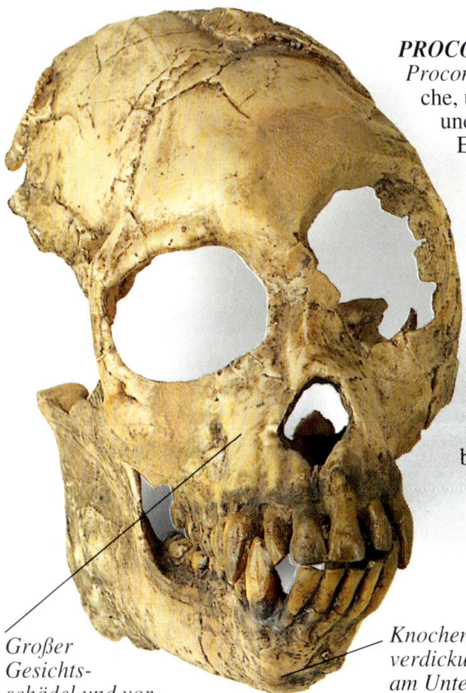

PROCONSUL
Proconsul vereinigt als urtümliche, unspezialisierte Art Affen- und Menschenaffenmerkmale. Ellbogen, Schultergelenke und Füße sind denen der Schimpansen sehr ähnlich, Schädel und Handgelenke ähneln eher denen eines Affen. Wahrscheinlich konnte sich *Proconsul* auf dem Boden und in den Bäumen fortbewegen. Es gab mehrere *Proconsul*-Arten. Der abgebildete *Proconsul africanus* lebte im Gebiet des heutigen Kenia.

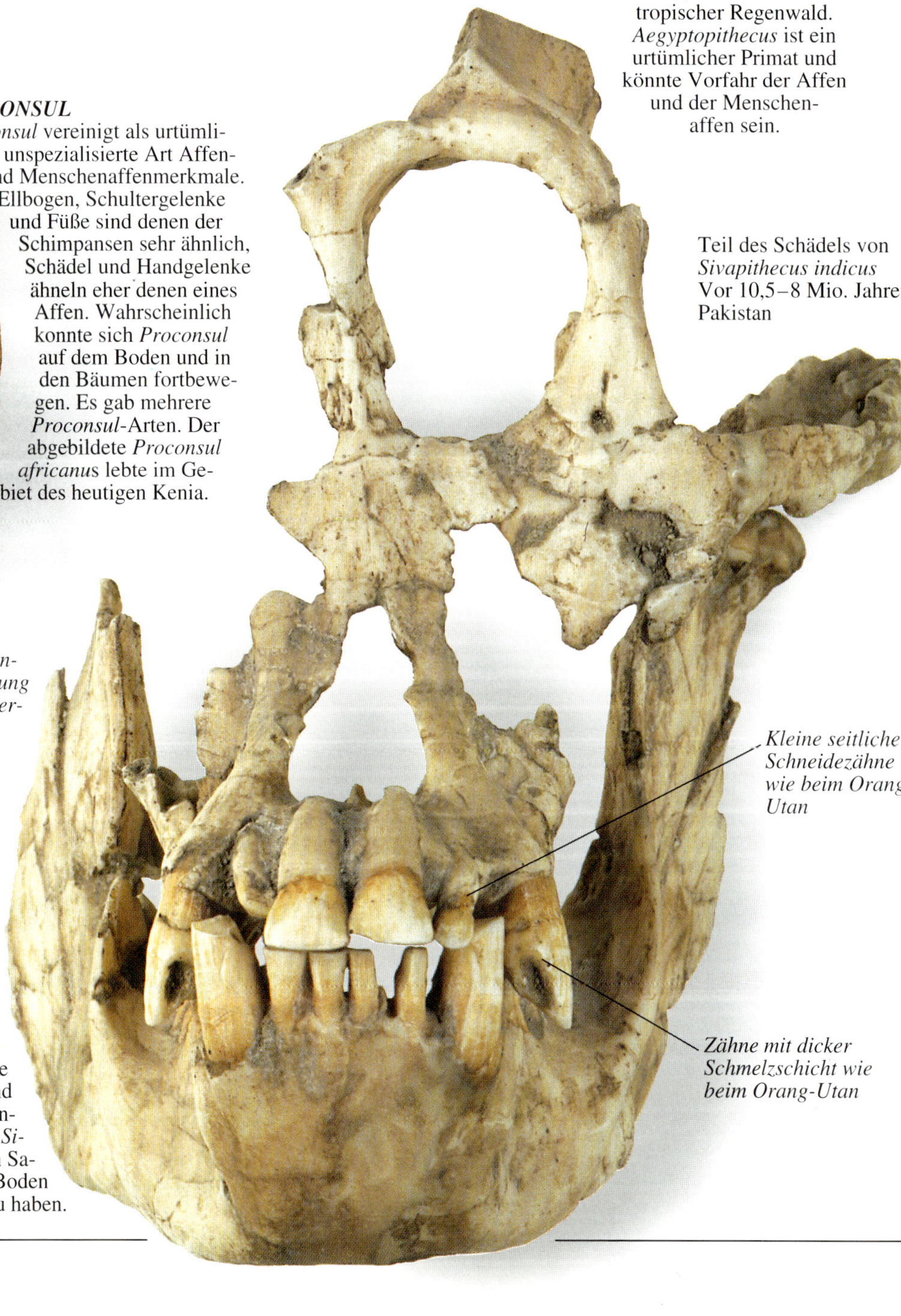

Teil des Schädels von *Sivapithecus indicus*
Vor 10,5–8 Mio. Jahren
Pakistan

VORFAHRE DES ORANG
Oft ist es schwierig, eine Verbindung zwischen heutigen Menschenaffen und Fossilien herzustellen. Lediglich der Ursprung des Orang-Utan ist gut dokumentiert. *Sivapithecus* wurde in 13 bis 8 Mio. Jahre altem Gestein aus dem Miozän gefunden und zeigt das lange Gesicht, die vorspringenden Kiefer und die flachen Backenknochen des Orang. Gorilla und Schimpanse zweigten später vom Stammbaum des Menschen ab. *Sivapithecus* erhielt seinen Namen nach dem indischen Gott Siva. Er wurde in Indien, Pakistan und der Türkei gefunden und ist somit der älteste Hominoide (Gruppe der Menschenaffen und Menschen) außerhalb Afrikas. *Sivapithecus* scheint sich in den baumbestandenen Savannen des Miozän hauptsächlich auf dem Boden aufgehalten zu haben.

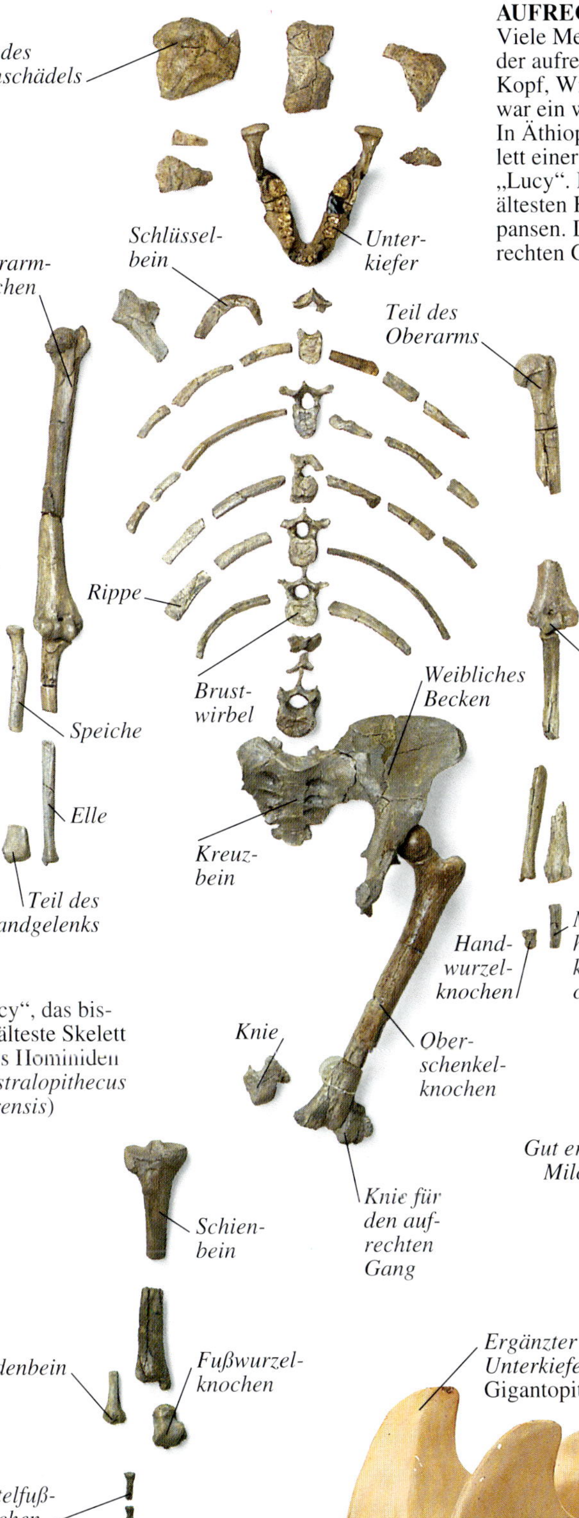

„Lucy“, das bisher älteste Skelett eines Hominiden (*Australopithecus afarensis*)

AUFRECHT STEHEN

Viele Menschen leiden unter Rückenproblemen, eine Folge der aufrechten Haltung mit einer senkrechten Achse durch Kopf, Wirbelsäule, Becken und Beine. Der aufrechte Gang war ein wichtiger Schritt in der Evolution des Menschen. In Äthiopien fand man ein ungefähr 3 Mio. Jahre altes Skelett einer 1,1 m großen jungen Frau. Sie erhielt den Namen „Lucy“. Das Gehirn dieses *Australopithecus afarensis*, des ältesten Hominiden, war nicht größer als das eines Schimpansen. Das Becken jedoch war vollständig an den aufrechten Gang angepasst.

Mary Leakey (S. 56–57) begutachtet bei Laetoli im Norden Tansanias zwei Fußspuren.

SCHRITT NACH VORN

Wir werden Lucy nie gehen sehen. Allerdings fand man in Laetoli Fußspuren von *Australopithecus afarensis*, die die Bedeutung der großen Zehe und des Fußgewölbes zeigen. Vor mindestens 3,7 Mio. Jahren ging *Australopithecus afarensis* aufrecht und konnte Dinge in den Händen tragen und über hohes Gras blicken – lange bevor das Gehirn deutlich an Größe zunahm.

Australopithecus africanus, Schädel eines etwa dreijährigen Kindes

VERSTEINERTES KIND

Australopithecus afarensis ist der älteste bekannte Hominide, hat aber immer noch affenähnliche Züge. Dieses Mosaik von Affen- und Menschenmerkmalen entdeckte man mit dem ersten Fund von *Australopithecus africanus*, dem Schädel von Taung. Dieser Vormensch (2,2–2 Mio. Jahre alt) ist mit einem flacheren Gesicht, kleineren Eckzähnen und einer aufrechteren Kopfhaltung menschenähnlicher als *A. afarensis*. Er wurde bis 1,2 m groß und ungefähr 35 kg schwer.

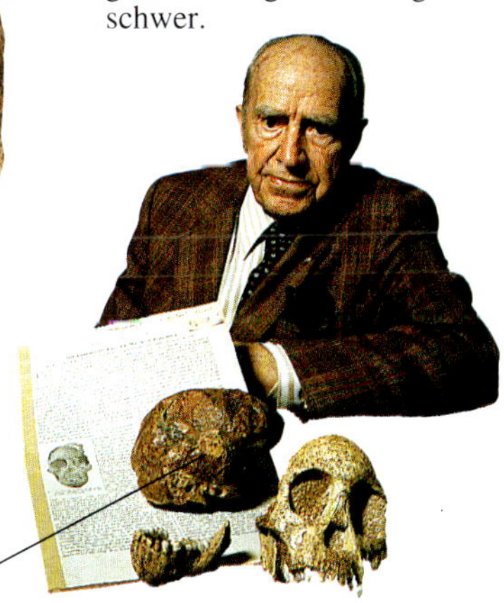

Der Steinkern vom Schädelinneren vermittelt einen Eindruck von der Größe des Gehirns.

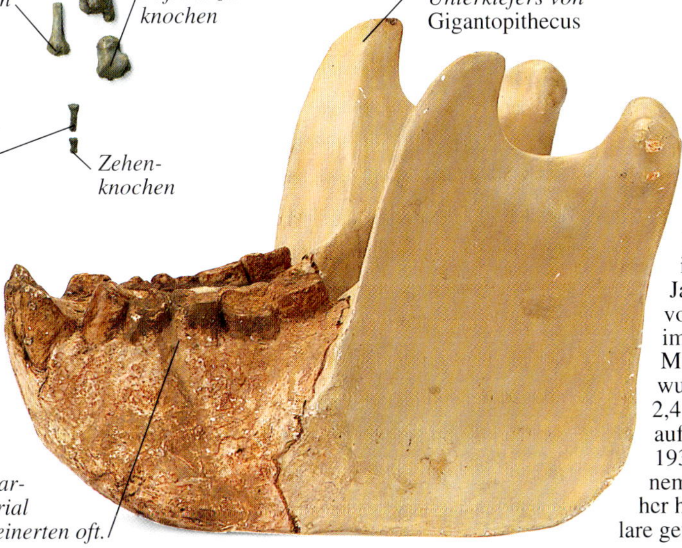

EIN ZAHN VOM MARKT

Gigantopithecus, ein Verwandter von *Sivapithecus*, lebte von vor 9 Mio. Jahren in Pakistan bis vor 1 Mio. Jahren in China. Die Größe von *Gigantopithecus* nahm im Laufe der Zeit zu. Die Männer der chinesischen Art wurden 150 kg schwer und 2,4 m groß. Der erste Hinweis auf *Gigantopithecus* war ein 1935 gefundener Zahn von einem chinesischen Markt. Seither hat man tausende Exemplare gefunden.

SENSATIONELLER FUND

Raymond Dart, Professor für Anatomie in Witwatersrand/Südafrika, nannte 1925 den Schädel von Taung *Australopithecus africanus* („Südaffe aus Afrika“). Der Schädel war in einem Steinbruch freigelegt worden. Darts Deutung des Schädels als Bindeglied zwischen Affe und Mensch war eine Sensation. Es dauerte 20 Jahre, bis man in der Wissenschaft akzeptierte, dass der Mensch aus Afrika stammt und dass sich der aufrechte Gang lange vor dem großen Gehirn entwickelte.

Die ersten Menschen

OLDUVAISCHLUCHT
In der Olduvaischlucht (östliche Serengeti/Tansania) kann man Gesteinsschichten mit einem Alter von 100.000 (oben) bis 1,9 Mio. Jahren (unten) untersuchen. Hier entdeckten Louis Leakey (1903–1972) und seine Frau Mary (geb. 1913) den ersten *Homo erectus* und 1961 den ersten *Homo habilis*, einen 1,8 Mio. Jahre alten Schädel.

Die Entstehungsgeschichte des heutigen Menschen (*Homo sapiens*) wurde unter den Wissenschaftlern lange Zeit kontrovers diskutiert. Seit den 60er-Jahren ergaben jedoch viele neue Fossilfunde und die Anwendung neuer biochemischer Untersuchungsmethoden ein relativ genaues Bild von unserem Ursprung und jeder neue Fund trägt zur weiteren Klärung bei. Der moderne Mensch (*Homo sapiens sapiens*) ist etwa 130.000 Jahre alt. Nach neueren Befunden entstand auch er in Afrika und hat von dort aus die ganze Welt besiedelt. Im Nahen Osten zumindest lebte er über 50.000 Jahre lang im selben Gebiet wie der Neandertaler (*Homo sapiens neanderthalensis*), der vor etwa 30.000 Jahren ausstarb.

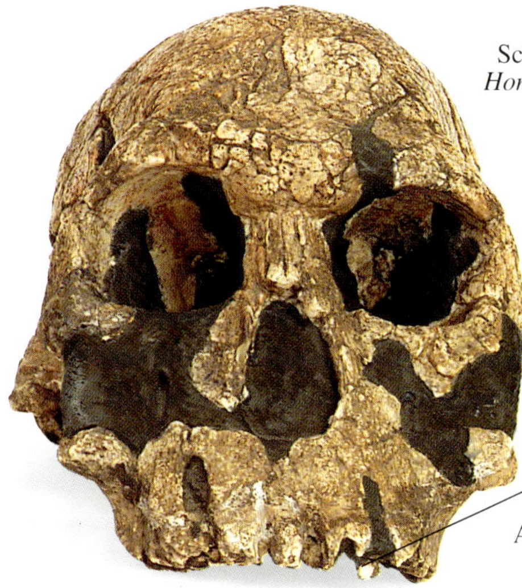

GESCHICKTER MENSCH
Während der übrige Körper von *Homo habilis* noch zahlreiche Gemeinsamkeiten mit *Australopithecus* aufweist, weicht der Schädel ab. Insbesondere sein Gehirn war mit durchschnittlich 630 cm^3 anderthalbmal so groß wie das von *Australopithecus africanus*.

Rekonstruktion von *Homo habilis*. Er ging aufrecht und hatte ein großes Hirn.

WERKZEUGMACHER
Auch Schimpansen können Werkzeuge herstellen und wahrscheinlich hat auch *Australopithecus* Werkzeuge benutzt. Dennoch war *Homo habilis* der erste Mensch, der planmäßig Steine gesammelt und sie mit anderen Steinen zu verschiedenen Werkzeugtypen, wie Haumesser, Meißel oder Schaber, geformt hat. Durch seine Werkzeuge konnte er sich andere Nahrungsquellen erschließen als die zur selben Zeit in Ostafrika lebende *Australopithecus*-Art, die auf reine Pflanzennahrung spezialisiert war. Das Gebiss von *Homo habilis* deutet auf Mischkost hin.

*Homo-erectus-*Schädel aus Koobi Fora/ nördliches Kenia

Niedriger Hirnschädel und deutlicher Überaugenwulst

Großer Augenabstand

Breite untere Schädelhälfte

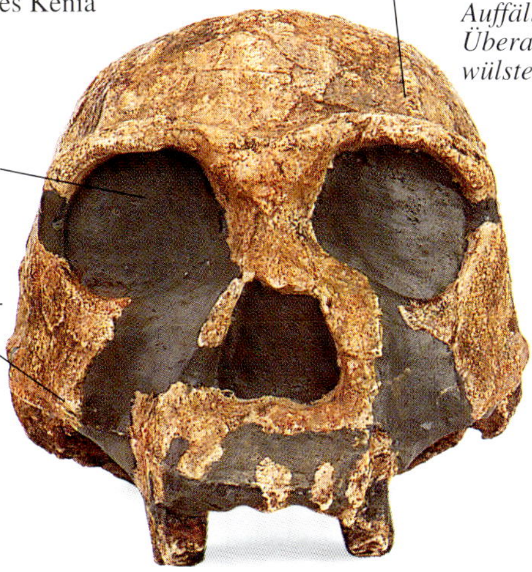

AUFRECHT

Das erste Fossil von *Homo erectus* entdeckte der holländische Arzt Eugène Dubois 1890 auf Java. Zunächst war *Homo erectus* nur aus Asien bekannt, dann allerdings entdeckte man seine Fossilien auch in Afrika, das älteste fanden die Leakeys; es ist 1,8 Mio. Jahre alt. Aufgrund dieser Funde nimmt man an, dass *Homo erectus* in Afrika entstand und sich bis vor 1 Mio. Jahren nach Asien ausbreitete.

Großer Unterkiefer und große Zähne

Kräftiger Oberarmknochen

BESTATTUNGSRITEN

Die Neandertaler waren vielleicht die ersten Menschen, die ihre Toten bestatteten. In der Kebara-Höhle am Berg Carmel bei Haifa/Israel wurde vor 60.000 Jahren das Skelett eines jungen Mannes ohne den Schädel beigesetzt. Der Unterkiefer wurde neben dem Skelett begraben, nachdem das Fleisch verwest war. In anderen Gräbern fand man Spuren von Blumen.

Schädel von *Homo sapiens neanderthalensis* aus dem Neandertal bei Düsseldorf

Das Gehirn ist so groß wie beim modernen Menschen.

Auffällige Überaugenwülste

Fliehende Stirn

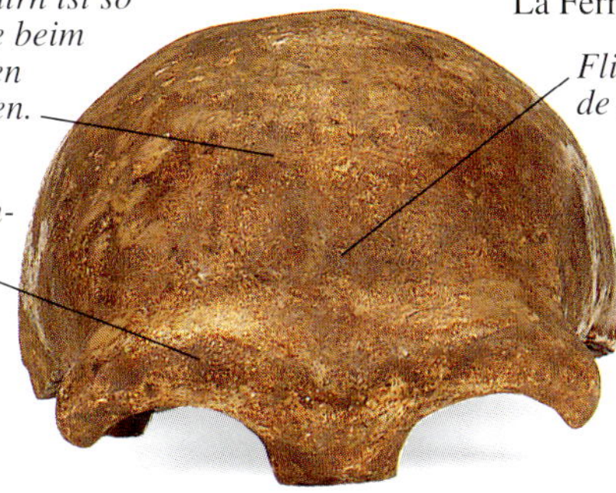

DICKSCHÄDEL

1856 entdeckten Arbeiter in einem Steinbruch im Neandertal bei Düsseldorf einen Schädel und weitere Knochen eines vorgeschichtlichen Menschen, der nach seinem Fundort benannt wurde. Vor mindestens 130.000 Jahren besiedelten Neandertaler Europa. Die meisten Funde stammen von vor 70.000 bis 35.000 Jahren.

NEANDERTALER

Vorneandertaler traten vor 400.000 Jahren, Neandertaler vor 130.000 Jahren in Europa und Westasien auf. Ihren untersetzten Körperbau deutet man als Anpassung an das Klima der Eiszeit. Viele Forscher meinen, ein Neandertaler im eleganten Anzug würde in einer Straßenbahn nicht auffallen.

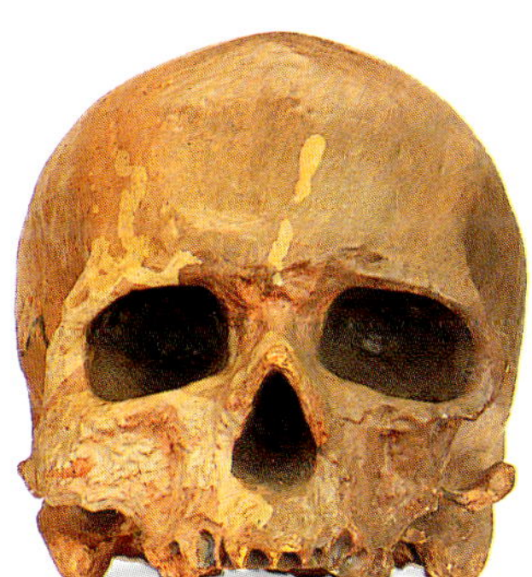

Schädel von Cro Magnon

Schädel eines männlichen Neandertalers, gefunden bei La Ferrassie

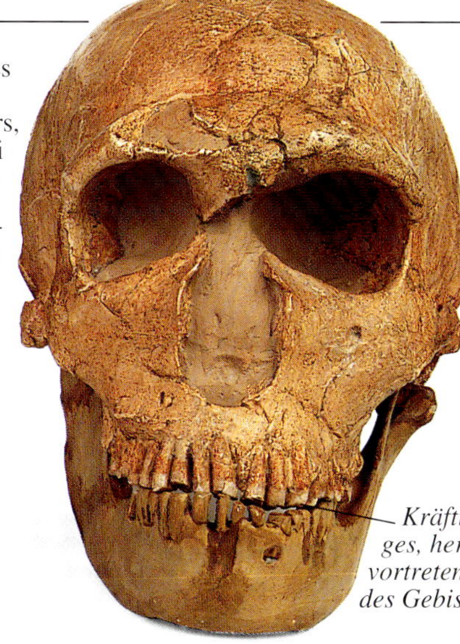

Kräftiges, hervortretendes Gebiss

GROSSES GEHIRN

Neandertaler hatten eine fliehende Stirn, einen langen, niedrigen Schädel und deutliche Überaugenwülste. Eine große Nase prägte das vorspringende Gesicht. Das Kinn fehlt meist wie bei diesem Fund aus der Höhle von La Ferrassie/Südwestfrankreich. Das durchschnittliche Gehirnvolumen von ca. 1500 cm^3 war größer als das des heutigen Menschen. Dieser 50.000 Jahre alte Schädel eines Mannes hat sogar ein Gehirnvolumen von 1600 cm^3. Neandertaler lebten vielerorts neben dem modernen Menschen. Sie sind ein blind endender Zweig des menschlichen Stammbaums.

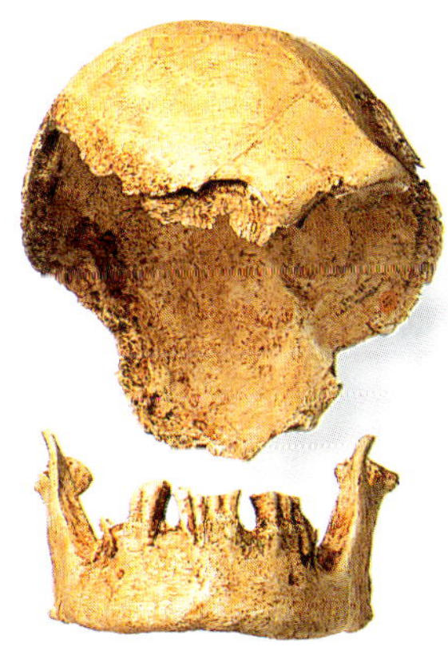

EINWANDERER

Die ältesten Skelettfunde aus Australien entdeckte man am Mungosee; sie sind etwa 32.000 Jahre alt. Neben diesen modernen Menschen hat man jüngere Fossilien mit urtümlicheren Merkmalen gefunden. Vielleicht wurde Australien mehrfach besiedelt.

DER MODERNE MENSCH

Vor 30.000 Jahren besiedelten moderne Menschen das eiszeitliche Europa. Nach einem französischen Felsunterschlupf heißen sie Cro-Magnon-Menschen. Sie trugen Felle, stellten knöcherne Harpunen und feine Werkzeuge her, bauten Hütten oder lebten in Höhlen. Vom Neandertaler unterschieden sie sich durch ihre Kultur und ihren großen, schlanken Körper.

Eiszeiten

Panthera leo spelaea
(Höhlenlöwe)
Eiszeit
Europa

Es gibt über 50 verschiedene Ansätze die Entstehung von Eiszeiten zu erklären. So könnten Veränderungen der Erdbahn um die Sonne eine Rolle gespielt haben oder Vulkanausbrüche, deren Staubmassen die Sonne verdunkelten, sodass diese die Erde nicht mehr so stark erwärmen konnte. Schon das geringfügige Absinken der weltweiten Temperaturen um 2° C kann dazu führen, dass in manchen Gebieten der Schnee nicht mehr schmilzt, sodass Gletscher entstehen und die Sonnenstrahlen stärker reflektieren als vorher. In einer Eiszeit wechseln sich Kalt- und Warmzeiten ab. In den letzten 2 Milliarden Jahren gab es auf der Erde immer wieder Eiszeiten und in den letzten 1,6 Milliarden Jahren mussten die Landpflanzen und Landtiere immer wieder mit Klimawechseln fertig werden. Gegenwärtig befinden wir uns in einer Warmzeit.

HÖHLENLÖWE
Heute leben Löwen nur noch in Afrika und Indien. Der europäische Höhlenlöwe starb vor 10.000 Jahren aus. Seine Fossilien findet man in Ablagerungen aus Warmzeiten, in denen er in weiten Steppenlandschaften jagte.

Efeu

PFLANZEN-THERMOMETER
Einige Pflanzen wachsen nur in warmem Klima, andere ertragen kältere Temperaturen. In Nordeuropa gedeiht Efeu nur, wenn die durchschnittlichen Temperaturen im Winter nicht unter –1,5 °C liegen. Anhand von Efeupollen in Ablagerungen kann man die Wärmeperioden während der Eiszeit erkennen.

Kleine Ohren verringern den Wärmeverlust.

Die gewaltigen Stoßzähne sind aufwärts und nach innen gebogen.

Dichte Unterwolle

Wärmendes Fell bedeckt sogar den Rüssel.

MAMMUT
Das Wollmammut (*Mammuthus primigenius*) ist vielleicht das bekannteste Eiszeittier. Es erreichte eine Schulterhöhe von 3 m, trug ein langes, dunkles, zottiges Fell und eine dicke isolierende Fettschicht. In den kalten Tundren Nordamerikas, Asiens und Europas lebten viele Wollmammute. Man schätzt, dass entlang der 1500 km langen sibirischen Küste noch 500.000 t des begehrten Elfenbeins der Mammutstoßzähne begraben liegen. Früher nahm man an, das Mammut sei vor 10.000 Jahren ausgestorben. Heute zeigen Funde, dass noch vor 4000 Jahren Mammute lebten.

TIEFGEFROREN
Das kleine Mammut Dima war sechs Monate alt, als es starb. Dima lag tiefgefroren 40.000 Jahre lang im ewigen Eis Sibiriens, bis sie 1977 von Goldgräbern entdeckt wurde. Selbst das rötliche Fell war erhalten geblieben.

An der Wurzel hängt eine Muschelschale.

Zahn eines Wollmammuts

FESTER BODEN UNTER DEN FÜSSEN
Dieser Mammutzahn vom Meeresboden der Nordsee zeigt, dass hier während der Eiszeit Festland war. Die Gletscher hatten so viel Wasser gebunden, dass der Meeresspiegel um bis zu 100 m sank. Eiszeitliche Tiere konnten über Landbrücken von Asien nach Amerika, von Neuguinea nach Australien und vom europäischen Festland nach England gelangen.

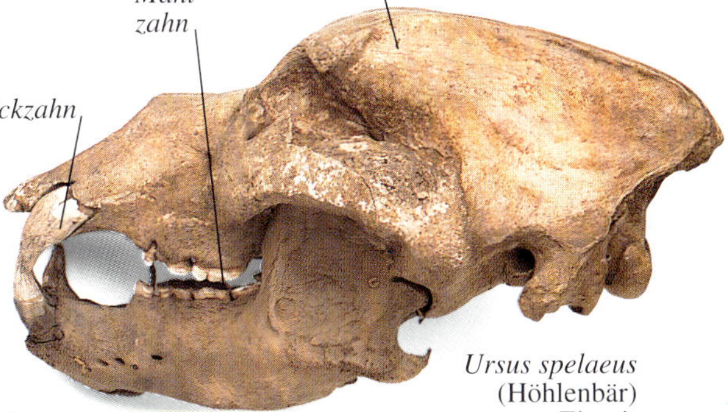

Ursus spelaeus
(Höhlenbär)
Eiszeit
Deutschland

HÖHLENBÄR
Eines der häufigsten Raubtiere der Eiszeit war der Höhlenbär, der deutlich größer wurde als heutige Braunbären. Fossilien von Höhlenbären findet man häufig im Geröllschutt am Boden von Höhlen, in denen die Tiere wahrscheinlich ihre Winterruhe verbrachten und starben. In einer österreichischen Höhle fand man die Überreste von über 30.000 Tieren.

Coelodonta antiquitatis
(Fellnashorn)
Jungeiszeit
Arktis

URMALER
Während der letzten großen Vereisung vor 18.000 Jahren grasten in den südeuropäischen Steppen Wollnashörner neben Mammuten. Höhlenzeichnungen der Cro-Magnon-Menschen (S. 56–57), die damals in der französischen Dordogne lebten, belegen das Vorkommen dieser Tiere ebenso wie Fossilien.

Mimomys savini
Vor 600.000 Jahren

Arvicola cantiana
Vor 350.000 Jahren

Arvicola terrestris
Vor 2000 Jahren

ZEITZEIGER
Die Schmelzschlingen der Schermäuse, der häufigsten Kleinsäuger aus eiszeitlichen Ablagerungen, haben für jede Art kennzeichnende Muster. Diese Zähne zeigen das Alter der Ablagerungen an.

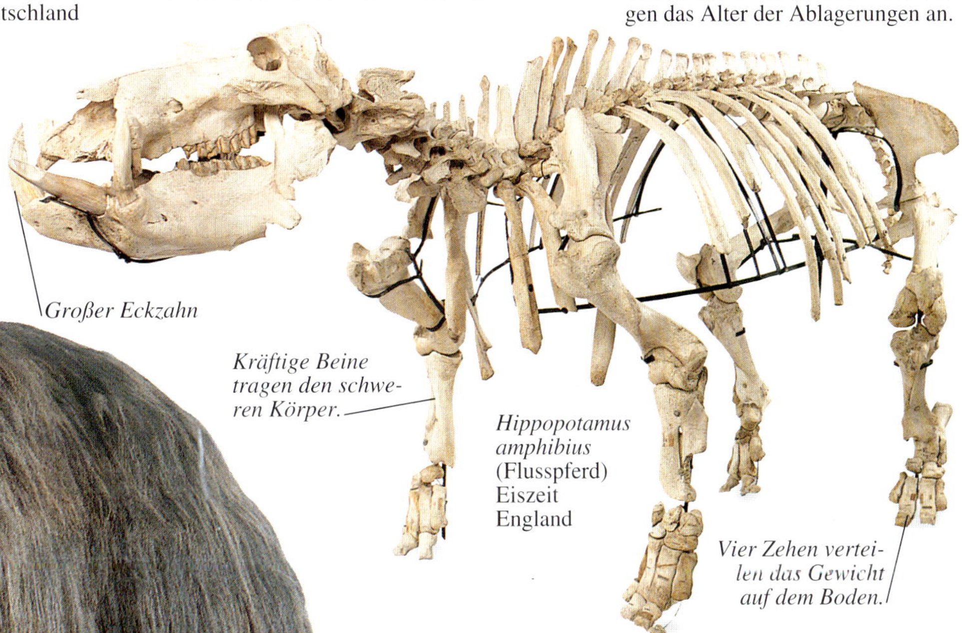

Hippopotamus amphibius
(Flusspferd)
Eiszeit
England

FLUSSPFERD
In der letzten Warmzeit vor 120.000 Jahren lebten in England Hyänen, Bisons und Flusspferde. Das vollständige Skelett und andere Fossilien aus Südengland gehören zum Flusspferd (*Hippopotamus amphibius*), das heute nur noch in Afrika südlich der Sahara vorkommt. Als das Klima kälter wurde, verschwanden Flusspferde aus Europa und widerstandsfähigere Arten nahmen ihren Platz ein.

Rekonstruktion von *Mammuthus primigenius* (Wollmammut)
Eiszeit, Arktis

EISZEITLANDSCHAFT
Auf dem Höhepunkt der letzten Vereisung vor 18.000 Jahren bedeckten Eisschilde Nordamerika und Europa, ein weiterer, kleinerer Eisschild die Antarktis. Zeugen der Eiszeit sind die von Gletschern gegrabenen Täler, Moränen und Findlinge sowie die Fossilien von Pflanzen und Tieren, die in dieser eisigen Umwelt lebten.

Aussterben

Für die Evolution ist der Tod ebenso wichtig wie die Geburt. Denn das Aussterben einer Tiergruppe schafft für eine andere die Möglichkeit sich schnell zu entwickeln und den freien Platz einzunehmen. In der Geschichte der Erde ist es mehrfach zu Massenaussterben gekommen. Das größte Artensterben aller Zeiten erfolgte am Ende des Perm (vor 248 Millionen Jahren) und vernichtete über die Hälfte der Familien der Meereslebewesen und zwei Drittel der Landlebewesen. Einige Forscher halten den Aufprall eines Meteoriten für die Ursache des Sauriersterbens am Ende der Kreidezeit. Dafür spricht die Existenz einer Tonschicht zwischen den Gesteinen aus der Kreide und dem Tertiär. In dieser Schicht findet man weltweit eine so hohe Konzentration des seltenen chemischen Elements Iridium, wie sie nur in Meteoriten vorkommt.

Megaloceros giganteus
Eiszeit, Irland

Wie die heutigen Hirsche warf Megaloceros *sein Geweih ab und erneuerte es jedes Jahr.*

Beim lebenden Tier bedeckte und ernährte ein samtartiger Bast das Geweih, wenn es jeden Sommer neu wuchs.

Ein neues Geweih erreichte seine volle Größe im frühen Herbst.

Im Frühjahr bildeten sich auf der Stirn zwei Erhebungen, aus denen im Laufe des Sommers das Geweih entstand.

Nasenöffnung

Megaloceros
(Riesenhirsch)

RIESENHIRSCH
Der Riesenhirsch lebte in den eiszeitlichen Steppen Europas. Mit vielen anderen großen Säugern starb er am Ende der Eiszeit (von vor 18.000 bis vor 9000 Jahren) aus. Große Tiere sterben schneller aus als kleine. Sie kommen in geringerer Zahl vor und brauchen ein größeres Revier. Zum Verschwinden von *Megaloceros* führten Klimaänderungen und Verfolgung durch den Menschen.

VATER UND SOHN
In den 70er-Jahren untersuchten der Geologe Walter Alvarez und sein Vater, der Physiker Luis Alvarez, das seltene Element Iridium in der Tonschicht vom Ende der Kreidezeit. Sie berechneten, dass die Ablagerung des Meteoritenstaubs in der relativ kurzen Zeit von etwa 1000 Jahren erfolgt sein muss.

Eine Probe von 65 Mio. Jahre altem Ton

Die Magnolie überlebte das Massenaussterben am Ende der Kreidezeit.

VERBLÜHTE BLUMEN
Nicht nur Tiere starben am Ende der Kreidezeit aus, auch Pflanzen waren betroffen. In Gesteinen direkt unter der iridiumreichen Tonschicht stellen Blumenpollen 80% aller Pollen und Sporen. Direkt über dieser Schicht überwiegen Farnsporen. Dann nimmt die Zahl der Pollen wieder zu und bezeugt die Rückkehr der Blütenpflanzen.

Krater vom Einschlag eines Meteoriten

Wolke von einer Atombombenexplosion

... UND DIE SONNE VERFINSTERT SICH
Die Energie eines 10 km großen Meteoriten würde alle Atomwaffen zusammen übertreffen. Feuer, Flutwellen und Stürme würden um den Erdball rasen. Staub würde in die Atmosphäre geschleudert und die Sonne verdunkeln, sodass jahrelang kein pflanzliches Leben möglich wäre. Meteoriteneinschläge scheinen selten zu sein; Satellitenaufnahmen zeigen jedoch eine Fülle von Kratern. Forscher schätzen, dass etwa alle 100 Mio. Jahre ein 150 km großer Krater entsteht.

EINSCHLAG
Meteoriteneinschläge haben überall auf der Erdoberfläche Krater hinterlassen. Sie wurden aber meist durch die Pflanzendecke und durch Erosion eingeebnet. Dieser 210 Mio. Jahre alte Krater bei Manicougan in Quebec/Kanada hat einen Durchmesser von 70 km. Der Meteorit vom Ende der Kreidezeit muss 10 km gemessen und einen Krater von 150 km Durchmesser hinterlassen haben.

TOD DER DINOSAURIER
Am Ende der Kreidezeit (vor 65 Mio. Jahren) starben die Dinosaurier schnell aus und die Säuger übernahmen die Herrschaft (S. 44–49). Aufgrund von Klimaänderungen hatte die Zahl der Saurier schon abgenommen. Aber dann verschwanden sie in kurzer Zeit für immer von der Erde und mit ihnen die großen Meeres- und Flugsaurier, die Ammoniten und viele Armfüßer (S. 16–17).

In jedem Herbst diente das Geweih den Hirschen zu Rivalenkämpfen.

Die Geweihspannweite konnte bis 3,5 m betragen. Der Hirsch selbst war etwa so groß wie ein Elch.

SCHRIFT IM FELS
Graptolithen waren frei im Meer schwebende Tierkolonien. Ihr Name leitet sich von den griechischen Wörtern für „schreiben“ und „Fels“ ab. In Wirklichkeit waren sie nicht flach, sondern lange Äste mit winzigen Bechern. In jedem Becher saß ein kleines Tier. Kolonien von Graptolithen gab es in vielen Formen, von der Spirale über einen Fächer bis zum Zwilling (wie *Didymograptus*). Graptolithen, die wichtigsten Leitfossilien für Ordovizium und Silur, starben im Karbon aus. Einige Forscher glauben jedoch, dass solche Tiere irgendwo in der Tiefsee noch leben könnten.

Didymograptus murchisoni
Unteres Ordovizium
Großbritannien

Platt gedrückter Zweig

AUSGEROTTET
Menschliche Eingriffe können für Tiere verheerend sein. Heute sind Nashörner, Elefanten und Tiger vom Aussterben bedroht. Die Dronte, ein großer, flugunfähiger Vogel, lebte auf Mauritius im Indischen Ozean, bis gegen Ende des 18.Jh.s vom Menschen eingeführte Schweine und andere Tiere ihren Lebensraum zerstörten. Kaum 100 Jahre nach ihrer Entdeckung war die Dronte ausgerottet.

Fossilienjäger

Fossilien kann man an vielen Orten im nackten Gestein finden, z.B. in Steinbrüchen und an den Küsten. Zum Sammeln benötigt man keine große Ausrüstung. Es ist besser, im lockeren Gestein zu suchen, als mit einem Hammer bewaffnet in den Felsen umherzuklettern. Am Meer muss man auf die Gezeiten achten (Tidenkalender!). Selbstverständlich darf man kein Grundstück ohne die Erlaubnis des Besitzers betreten. Einige Fundstellen sind so bekannt, dass das Sammeln verboten ist, um die Fossilien für die Allgemeinheit zu erhalten.

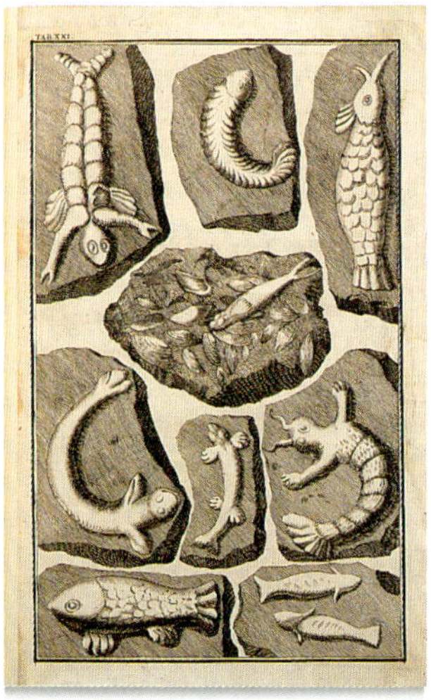

FALSCHE FOSSILIEN
Steine haben oft eine interessante und seltsame Gestalt, sodass man sie für Fossilien halten kann. Ein Vergleich mit Museumsstücken räumt Zweifel aus. So kann man auch Fälschungen entlarven. Es hat bekannte Fälschungen gegeben wie diese Meereslebewesen, die in einem deutschen Buch von 1726 abgebildet sind. Am bekanntesten ist der Piltdown-Mensch, der die Wissenschaftler jahrzehntelang vor ein Rätsel stellte: Ein Affenunterkiefer war mit einem Menschenschädel vergraben worden.

Geologische Karte

Geologenhammer

Fäustel

Breiter Spezialmeißel

FOSSILE SPUR
Einige Fossilien wie Fußspuren kann man nicht aus dem Gestein herauslösen. Aber man kann einen Gipsabdruck anfertigen. Fußspuren und große Skelette können eine große Fläche bedecken. Dann sind erhebliche Anstrengungen notwendig, um die ganze Spur (wie diese Dinosaurierfährte) freizulegen.

Sicherheitsausrüstung und Sammelwerkzeuge für junge Fossilienjägerinnen und -jäger

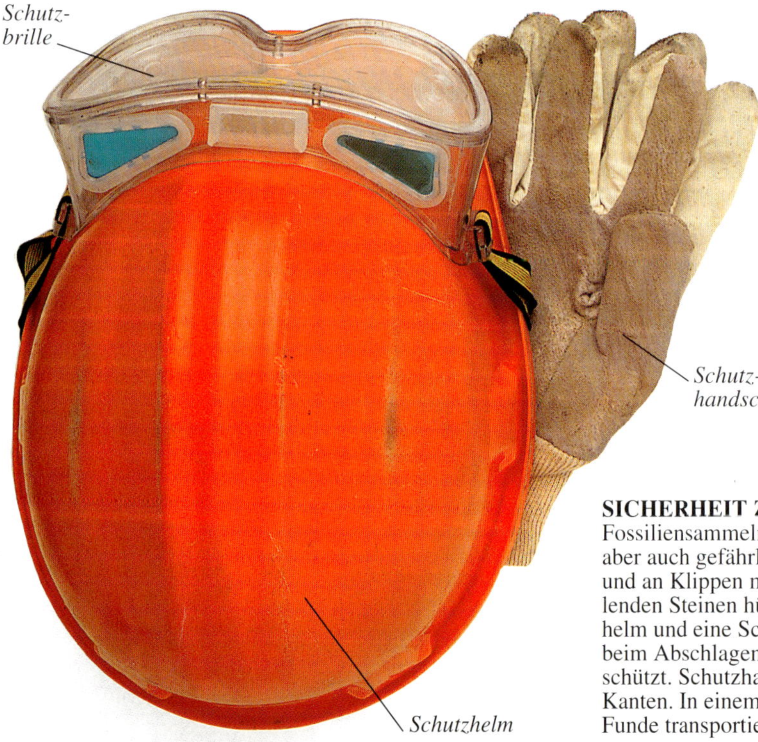

Schutzbrille

Schutzhandschuhe

Schutzhelm

FELDWERKZEUGE
Geologenhämmer sind nützlich zum Aufbrechen von Gesteinsbrocken. Mit Fäustel und Meißel kann man flache Felsstücke abschlagen, die Fossilien enthalten könnten.

Kleine Gesteinsbrocken mit Armfüßern

Sammelbeutel

SICHERHEIT ZUERST
Fossiliensammeln macht Spaß, kann aber auch gefährlich sein. In Steinbrüchen und an Klippen muss man sich vor herabfallenden Steinen hüten. Man sollte einen Schutzhelm und eine Schutzbrille tragen, die die Augen beim Abschlagen mit dem Hammer vor Splittern schützt. Schutzhandschuhe schützen vor scharfen Kanten. In einem Sammelbeutel kann man die Funde transportieren.

Alte geologische Karte für beide Seiten des Ärmelkanals

KARTENKUNDE
Nicht alle Gesteine enthalten Fossilien. Wie erfährt man, wo man die richtigen Steine findet? So wie auf geographischen Karten Städte, Berge und Flüsse eingezeichnet sind, sind auf geologischen Karten die Gesteinsschichten unter der Erdoberfläche eingetragen. Mit einer solchen Karte kann man die richtigen Gesteine finden.

Luftdruckbetriebenes Gravierwerkzeug

Diamantbesetzte Miniatursäge

FREILEGEN
Manchmal werden Fossilien mit Gestein gesammelt. Es gibt aber viele Möglichkeiten, sie herauszuarbeiten. Mit Chemikalien kann man das umgebende Gestein auflösen, aber das kann sehr lange dauern. Vielleicht kann man das Gestein vom Fossil absammeln oder abbürsten. Hartes Gestein muss man mit Hammer und Meißel abschlagen.

Kleiner Hammer und Meißel

FEINE WERKZEUGE
Mit kleinen Meißeln kann man nahe am Fossil arbeiten, mit Pinseln entfernt man Staub und Steinchen. Mit Zahnbürste und Wasser kann man Schmutz von einer festen Fossiloberfläche entfernen. Ein zerbrochenes Fossil kann man mit einer Pinzette vorsichtig zusammenfügen und kleben. Notizen können für die weitere Arbeit nützlich sein.

Staubpinsel

Schmaler Meißel

Zahnbürste

Feine Pinzette

AUFZEICHNUNGEN
Es gibt viele alte und neue Bücher über die Fossilien bestimmter Fundstellen und allgemeine Bestimmungsbücher. Mit diesen Werken kann man ein Fossil bestimmen, bei seltenen Stücken muss man allerdings oft viele Bücher zu Rate ziehen. Eine beschriftete Skizze kann bei der Untersuchung von Form und Einzelheiten nützlich sein.

Mahlzahn von *Gomphotherium*

ZERBRECHLICH
Fossilien sind oft zart und zerbrechlich. Einige kann man in Papiertücher einwickeln und in einer Schachtel aufbewahren. Der Mahlzahn des Urelefanten *Gomphotherium* (S. 48–49) benötigte eine Spezialbehandlung. Mit flüssigem Kunststoff kann man die Oberfläche härten und kleine Risse füllen.

Register

A, B

C, D, E

F, G, H

I, K, L

M

N, O, P

Q, R, S

T, U

V, W

Bildnachweis

o = oben, u = unten, m = Mitte, l = links, r = rechts

Bayerische Staatssammlung für Paläontologie und Historische Geologie, München: 41or, 41ur; **Bettmann Archive:** 13ol, 14ml; **Biofotos/Stames Summerhays:** 52m; **Neil Clark:** 18ml, 21ul; **Cleveland Museum of Natural History, Ohio:** 21ol; **Michael Coates:** 25or; **Bruce Coleman:** Ltd. 12ol, 17mr; H. Reinhard 22om; Jane Burton: 28ol, 43mr; V. Serventy: 50ur; John Canoclosi: 62m; Mit freundl. Gen. von **W. W. Norton & Co Ltd. und Marianne Collins:** 14or, 15ol; **Simon Conway Morris:** 6m, 12m, 12um, 12mr, 14mr, 14um, 15or, 15m, 15ml, 15um; **© Crown Copyright:** 62or; **Mary Evans Picture Library:** 20ol, 53om, 59ur; **FLPA/S. Johnson:** 10or, 44or; **Geological Society:** 38ol; **Glasgow Museums:** 26–27u; **Grönländisches Amt für Geologie, Kopenhagen:** A. A. Garde 11ur; **Robert Harding Picture Library:** 10m; **Gillian King, South African Museum:** C. Booth 30ul; R. M. H. Smith: 31mr; **Paul McCready, AeroVironment Inc.:** 40ml; **© 1994 National Museums of Scotland:** 22ol, 22um; **Natural History Museum, London:** 8ur, 13ul, 22or, 30um, 31m, 40or, 43or, 44ur, 45ol, 46m, 47mr, 49or, 50or, 51or, 57m, 58ol, 59om; **Novosti Photo Library:** 58um; **Oxford Scientific Films:** 52ul; **Planet Earth Pictures/ Peter Scooner:** 19om; **Science Photo Library:** 18ol; Ludek Pasek: 24ol, 27ol; Martin Dohrn: 41mr; John Reader: 55or, 55ur, 56ol; Roger Ressmeyer Starlight: 60ml; Walter Alvarez: 60um; NASA 61ol; US Navy: 61om; David Hardy: 61or; **Forschungsinstitut und Naturmuseum Senckenberg, Frankfurt/M.:** 44–45m; **Paul C. Sereno:** 32or; **Wojciech Skarzynski:** 33ur; **Sternberg Museum, Hays/Kansas:** 20ur, 21mr; **Texas Memorial Museum, University of Texas/Austin,** mit freundl. Gen. von Prof. Wann Langston jun.: 40–41um; **P. Wellnhofer:** 40ml, 40ul, 42ul, 43m; **R. T. Wells, Flinders University, Foto F. Coffa:** 50ml.